秋のみちのくを走る EH500 牽引のコンテナ列車　東北本線花泉〜清水原

歴史を感じるトンネルから顔を出す EF210　山陽本線八本松〜瀬野

左・山間のアーチ橋を渡る EH200　中央本線四方津〜梁川

大村湾に夕日が沈むころ DF200 牽引の「ななつ星 in 九州」が通過する　大村線松原〜千綿

富士山を背景に東
京に向かうN700系
東海道新幹線新横浜
〜小田原

東北新幹線で最多両数となるE5系は「はやぶさ」をはじめ各列車で使用される　東北新幹線いわて沼宮内〜二戸

吉井川を渡る東海道・山陽新幹線の主力となりつつあるN700S系　山陽新幹線相生〜岡山

磐梯山麓を走る交流電車 E721 系　磐越西線翁島〜磐梯町

唯一の夜行列車となった寝台列車「サンライズ出雲」の 285 系　山陰本線黒坂〜根雨

左・渋谷の新名所渋谷ストリームを背景に走る E235 系　山手線恵比寿〜渋谷

漁港のある入江を通過するキロシ47「或る列車」　大村線松原〜千綿

山陰地区の気動車特急キハ187系　山口線船平山〜津和野

左・氷点下の朝、エンジンからの排気を威勢よく掃き出すキハ183系　石北本線留辺蘂

「SL ぐんま・みなかみ」で使用される一般形客車　上越線本牧〜水上

夕日を浴びて走る「SL ばんえつ物語」　磐越西線猿和田〜五泉

E26系「カシオペア」。現在はクルーズトレインとして運転される　室蘭本線北船岡

国鉄時代に誕生した14系「サロンカーなにわ」　山陰本線折居〜三保三隅

31 フィートコンテナを積載した「トヨタ・ロングパス・エクスプレス」　東北本線花泉〜清水原

線路のバラストを運ぶホッパ車ホキ 800　函館本線仁山〜大沼

鉄道好きなら知っておきたい「基本のキ」

鉄道趣味の基礎知識 車両編

はじめに

　鉄道車両は、石炭と水、油、電気を燃料として動きます。では、どのようにして車両が動くのでしょう。これらの燃料が、蒸気機関やディーゼル機関、電気のモーターに伝達するには、様々な機器が必要となります。本書では、車両が動く仕組みの基礎を簡単に説明しているほか、よく耳にする「吊り掛け電車」「VVF インバータ装置」「チョッパ制御」などの方式や機器がどのような役割を果たすのかも解説しています。
　また、各鉄道車両がどのように進化したかの歴史についても触れています。1872（明治 5）年の鉄道開業では、蒸気機関車が客車や貨車を牽引していました。明治の後半になると、効率の良い電気鉄道が採用されるようになり、電気機関車や電車が登場します。さらに、明治末期から昭和の初めにかけてはディーゼル機関の開発も進められました。これらの車両は、日々進化を続け現在の車両へと変化をしました。歴史を追うことで技術の進歩を知ることが出来ると思います。
　車両の形式称号についても、明治期から現在までの変遷に触れながら、整理されていく様子を探っています。すでに存在しない種類の車両形式も表にまとめていますので、博物館などの保存車両で確認することも出来ると思います。
　鉄道趣味において、わからない言葉や記号を調べる際にお役に立てれば、筆者の喜びこれにすぎるものはありません。

2023（令和 5）年 3 月
結解　学・渡部史絵

鉄道趣味の基礎知識 車両編◉目次

車両全般

❶ 建築限界と車両限界

　鉄道を建設する際は、まず建築限界が決められる。建築限界は、車両が接触しないように定められた範囲で、この内側には、トンネル、鉄橋、信号、電柱、駅舎などが入ってはいけないことになる。ただし、ホームだけは例外で、車両の出入口に近接してよいとされている。

　JRの在来線では、概ね線路の中心から左右に2ｍ、高さは電化区間で6ｍ、非電化で4.5ｍぐらいになる。新幹線の場合は、線路中央から左右に2.2ｍ、高さは7.7ｍとされる。

　車両限界は、建築限界内に収まる大きさとなり、概ね幅3ｍ、高さ4.1ｍとなる。新幹線は幅3.4ｍ、高さ4.5ｍとされる。

　ただし、その線路を走行する車両や軌道設備によっても異なる。中央本線や予讃線などのトンネルは、非電化時代の大きさのままで電化したため、走行できるのは、車両のパンタグラフ部分を低くした車両に限られていたが、小型に降りたためるパンタグラフの開発で、現在は屋根を低くしなくても通過できるようになった。

　曲線部分は、車両の両端が外側に、中央が内側に張り出すため、建築限界と車両限界は大きく取られている。

建築限界の高さが低い中央本線のトンネルと E353 系

左・E233系は、車体幅が2.95m／右・千代田線用の2000番台は2.77mと狭い

❷車両の大きさ

　車両1両の長さは、運行される路線の条件によって異なってくる。急曲線のある路線では、オーバーハングにより建築限界をはみ出してしまうことを考慮して、短くすることが多い。また、重量の制限による制約を受けることもある。

　蒸気機関車の場合、機関区や折り返し駅での転車台の長さで、使用される機関車の長さに制限される。東武鉄道がC11形の運行を始める際、鬼怒川温泉駅に芸備線三次駅の転車台を移設したが、C11＋ヨ8000形の長さに足りなかったため、継ぎ足しを行っている。

　車体長は、車両の長さのことで、車両長（連結面間距離ともいう）は連結器を含む長さとなる。例えば、E233系の車体長は、先頭車で19.57m、中間車で19.5mと異なるが、車両長は先頭車も中間車も20mで統一されている。

　車体幅は、運用路線の建築限界と関係しており、地下鉄線に乗り入れる車両は概して車体幅を小さくしている。例えばE233系の車体幅は2.95mだが、千代田線乗り入れ用の2000番台は2.77mと異なる。

　高さは、車体部分の高さ、冷房機までの高さ、パンタグラフを折りたたんだ高さなど異なる数値となるが、車両諸元に使われる高さは、車体の屋根までを表すことが多い。E233系なら屋根高さ3.62m

形式　スシ24
自重　37.0t
換算　積 4.0
　　　空 4.0

25-11
大宮総合車セ

客車の妻面には換算の表記がある

（表記は㎜単位で3620㎜）と標記されている。なお、2000番台は3.64mと少し高い。

　重さは、走る路線の設計荷重と関係しており、車体の重量を車軸の数で割った数値が軸重となる。軸重は、通過する線路や鉄橋などに影響を与えるため、ローカル線などでは軸重を軽くして入線するケースもある。特に重量の重い機関車は、軸重を分散させるために車軸の追加や従台車の数を増やして対応している。

　かつて東海道本線や山陽本線などの特甲線で使用していたC59形蒸気機関車を、甲線の東北本線に転属させるため、従台車を2軸にして軸重を軽減したC60形に改造した例がある。

　なお、最近では使用されなくなっているが、かつては客車や貨車の編成重量を換算両数で数えていた。換算とは重量10tを換算1両として数え、車両には乗客や荷物を乗せた積車状態と、空車状態の換算が表記されており、乗客や荷物があれば連結車両の積車換算を足し、なければ空車換算を足して列車の重さを表した。

　このような計算をしたのは、引っ張る機関車（特に蒸気機関車）の機関士が、どの程度の重さなのかを把握しながら運転するのに欠かせなかったからだ。「今日は換算10両です」となれば、「今日は軽いな」と、加速やブレーキなどを調整しながら運転を行っていた。

❸車輪

　2つの車輪は車軸で結ばれており、この状態を輪軸と呼ぶ。車輪の輪心部は、旧型機関車で見られるスポーク式やボックス式、電車などの板式がある。外側部分は踏面と呼ばれ、カーブをスムーズに曲がれるように勾配が付けられており、車輪外周には、脱線を防止するため線路の内側に入り込むフランジが付いている。

　車輪は、走行していると踏面にキズや摩耗が生じる。そのため、定期的に踏面の転削が必要で、車輪径が小さくなると車輪の交換が必要となる。以前は、踏面部分を取り外し、熱膨張で新しい踏面（タイヤ）を取り付けていたが、現在は、この部分まで一体で作られた一体圧延車輪が主流となっており、車輪全体が交換される。

車輪と車軸が結ばれた輪軸

❹ 連結器

　車両を繋ぐ連結器は、鉄道創設期は鎖を相互に引っかけて、ネジで締め付けるネジ式だったが、左右に緩衝器（バッファー）が付いているため、作業で事故が多く、時間もかかるため、大正時代に現在の形状の自動連結器に取り替えられた。

　自動連結器は、車両同士を接触させると自動的に連結し、切り離す際は解放テコを動かすだけで済む。そのため、機関車や客車、貨車、気動車など広く使われている。ただ、連結器同士に隙間が出るため発車時などに衝撃があったが、内部機構を改造し外側に突起を付けて相互にはまり込む、密着式自動連結器も開発された。

　電車は、他の車種との併結を基本的に行わないので、密着連結器を採用している例が多い。自動連結器同様、接触するだけで連結し解放テコで切り離すが、密着度が大きく、前後のあそびがないので乗り心地が良い。ただし、自動連結器より牽引できる重量が低いことが難点である。

　かつて、信越本線の横川〜軽井沢間は、電車も客車も EF63 形電気機関車が補機として連結された。そのため、自動連結

上から／蒸気機関車の自動連結器
／密着式自動連結器
／密着連結器
／密着式連結器の下にあるのが電気連結器

器と密着連結器の両方を使用できる両用連結器を電気機関車に装備した。現在この区間は廃止されたが、今でも廃車となった電車を牽引するため、両用連結器を装備した電気機関車や、車両基地で両方の連結器の車両を牽引する事業用電車などがある。

　構造は、連結器を90度回転することで両連結器が現れる仕組みとなる。また、変わった所では、高さの違う車両を連結するため、上下に連結器を備えた貨車が大井川鐵道に在籍している。

　車両の連結は、車両同士を繋ぐと同時にブレーキや電気系統の接続も必要となる。一般的にはホース状のジャンパ連結器を締結するが、近年は、接触すると自動的に繋がる電気連結器を併設した電車が多くなっている。このほか、固定した編成の電車では、中間車を棒連結器で結ぶ例もある。

　連結器で繋がれた列車は、発車時や制動時などに衝撃が伝わってしまう。それらを低減するため、連結器後部に緩衝器が取り付けられている。ゴムを使用したゴム緩衝器の他、ピストンとシリコンを組み合わせたシリコン緩衝器などがある。

上から／両用連結器
／大井川鐵道の貨車の2段式連結器
／軸箱守式
／モノリンク式

❺台車

台車は車輪を支え、車体を支持する重要な部分で、輪軸の数や構造で、1軸車、ボギー車、2車体を繋ぐ連接台車などの種類がある。現在はボギー車が主体で、H型をした台枠に輪軸や軸箱、軸箱支持装置、空気バネ、ブレーキ装置などが取り付けられている。さらに、主電動機や駆動装置の付く電動台車と付かない附随台車がある。

軸箱支持装置は、台車の振動や衝撃をバネで吸収する装置で、取り付け方により以下の種類がある。

●軸箱守式

軸箱の上の軸箱守のバネにより上下に動く仕組み。

●円筒案内式

台車枠と軸箱のそれぞれに円筒を取り付け滑らせる方式で、左右にバネを配している。

●ミンデン式

軸箱と台車枠を板バネで結び、軸箱の位置を定める方式。板バネを2枚使用したSミンデン式、ゴムを取り付けたIS式やSUミンデン式などもある。

●積層ゴム式

軸箱と台車枠間に積層ゴムを挟み込んだ方式で、ゴムの取り付け位置により、シェブロン式、円錐積層ゴム式がある。

●リンク式（アルストーム式）

軸箱左右に付くリンクアームで台車枠と固定した方式。

●リンク式（モノリンク式）

1本のリンクアームが、台車枠の側梁を結んだ方式。

●軸梁式

軸箱と一体となった軸梁と台車枠をピ

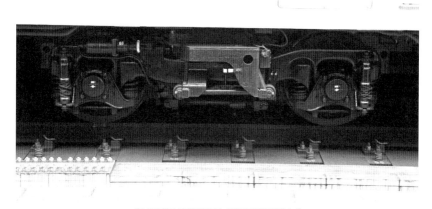

ボルスタ付のDT32形台車　軸箱支持は円筒案内式

ボルスタレス台車　DT404K

ミンデン式台車　FS356

パイオニア台車　PⅢ-701

ンで固定する方式

● **軸箱梁式**

　軸箱と側梁が一体化した形で、パイオニア台車で見られる。

　このほか、貨車で見られる軸箱一体式、軸箱直結式などの方式もある。

　台車の中央部には、車体の前後、上下、左右方向の衝撃を緩和する揺れ枕装置が付いている。最初は枕バネと板バネが用いられていたが、コイルバネ、空気バネと進化していった。ただ、空気バネだけでは大きな前後変位には対応できなかったため、枕ばり（ボルスタ）を設け、車体との間に空気バネを置き、車体と枕ばりはボルスタアンカーで結んだ。これにより、車体と台車が一体となって動くため、スムーズな走行が可能となった。

　近年では、前後の変位にも対応できる空気バネが開発され、枕ばりを廃止したボルスタレス台車が主流となっている。

❻ブレーキ

　走っている列車を停めるブレーキ装置は、鉄道車両にとって重要な装置で、色々

な方法のブレーキシステムが開発されてきた。ここでは、現在使用されている主なブレーキシステムについて解説する。

①自動空気ブレーキ（摩擦ブレーキ）

　コンプレッサーで作られた圧縮空気を、ブレーキ管を通して各車両に送る方式で、普段は圧縮空気が管に満たされており、ブレーキをかけると圧縮空気が減圧され、ブレーキ制御弁を介してブレーキシリンダーに送られる。

　ブレーキシリンダーが動くとピストンを押し、制輪子が踏面を押し付けてブレーキ力を得る。制輪子以外では、車輪と共に回転する金属の円盤をパットで抑え込むディスクブレーキが新幹線などで使用されている。

　ブレーキがかかる際は、圧縮空気が抜かれる状態のため、ブレーキ管が外れても、自動的にブレーキがかかる。

②発電ブレーキ

　電動機は、電気を流すと電動機となり、力を加えると発電機となる。発電ブレーキは、それを利用して電動機を発電機と

して機能させることで、負荷をかけ回転力を低下させてブレーキ力を得る。ただし、この際に発電したエネルギーは抵抗器で熱として放出されてしまう。また、一定の発電力があれば安定したブレーキを得られるが、抵抗器の容量でブレーキ力が制限されてしまう。

③ 電力回生ブレーキ

発電ブレーキで発生し電気を架線に戻すと、近くを走る電車が消費することで負荷がかかりブレーキ力を得る仕組みで、省エネルギー効果があるが、近くに電車がいないと、回生が失効してブレーキ性能が低下してしまう。そのため、ローカル線で使用する車両では、回生ブレーキが付いていてもあえて使用しない例もある。

直流モーターを使用した電力回生ブレーキは、十分なブレーキ力が得られな

かったことや、附随車には装備されていないので、空気ブレーキとの併用が常だった。しかし、交流モーターとVVVFインバータ装置の登場で、ブレーキ力に余裕が出るようになったため、インバータが必要なブレーキ力を計算して、不足分のみを附随車に伝える「遅れ込め制御」が、VVVFインバータ制御車両で使用されるようになっている。

ただし、回生ブレーキだけでは完全に停車できないので、摩擦ブレーキも併用している。

④ 純電気ブレーキ

VVVFインバータ制御と交流モーターの組み合わせは、回生ブレーキでの使用域が広がったため、これを停止直前まで広げたのが純電気ブレーキとなる。ただし、停車時などや回生ブレーキのブレーキ力不足に備えて、摩擦ブレーキも装備している。

制輪子

蒸気機関車

❶ 蒸気機関車の歴史

蒸気機関車は、鉄道の動力で最も古い部類の機関である。意外にもその起源はレールの上ではなく、普通の道路上だった。1769年、フランスのニコラ・ジョゼフ・キュニョーが蒸気機関を搭載した荷車を考案したのが、蒸気機関を陸上交通に使用した始まりで、かつ世界初の自動車で

もあった。

その後、1784年にイギリスのジェームス・ワットが蒸気動力による蒸気機関を発明した。さらにリチャード・トレビシックが1801年に道路を走る仕様の「蒸気車」を登場させ、1804年には、レール(軌道)の上を走る「蒸気機関車」を開発したのである。この蒸気機関車は翌年に鉄工所の構内を走り、世界初の蒸気機関車

大正時代に製造された旅客用機関車8620形8630。現在、京都鉄道博物館に保存されている。常磐線水戸機関区

大正時代の貨物用機関車 9600 形。常磐線高萩駅

となった。

1814 年には、ジョージ・スティーブンソンが本格的な蒸気機関車「ロコモーション号」を製造し、1825 年にはストックトン～ダーリントン間での運行を開始した。これが蒸気機関車による営業運転の始まりで、90t の列車を牽いて、16～19km/h 程度のスピードで走行したという。のちの 1829 年に、マンチェスタ～リバプール間において運行を開始した「ロケット号」は、現在の機関車の原型と呼ばれるもので、「多管式ボイラ」を採用しており、鉄道の原点と言える粘着力で走ることや、クロスヘッド・主連棒、クランクピンで動輪を動かす点など、ま

さに現在に至る蒸気機関車の形そのものと言えるだろう。

その後も改良や工夫を備えた蒸気機関車が誕生し、過熱式機関車（過熱式機関車は、それまでの飽和式機関車に比べて経済的）の誕生から、輸送力増強に向けて強力な機関車への発展へと貢献した。

日本での蒸気機関車の誕生は 1872（明治 5）年、日本で初めて鉄道が開業した前年にイギリスから輸入した 10 両の機関車であった。現在、鉄道博物館で保存されている 1 号機関車（のちの国鉄 150 形）や、JR 東日本・桜木町の駅ビルに展示されている 110 形蒸気機関車がその姿である。

山口線で運転されている動態保存機 D 51200

上・8620 形の改良型 C50 形　常磐線高萩駅／下・大井川鐵道で運転されている C11 形タンク機関車

上・1935（昭和10）年から製造が開始されたC55形。宗谷本線旭川駅
下・ローカル線用の小型テンダ機関車C56形。小海線野辺山駅

D52形のボイラを使用したC62形

　日本における開業当時の蒸気機関車は外国製であり、イギリスの他にも、アメリカ合衆国などから輸入された機関車が多い。北海道で運行を開始した7100形「弁慶号」は、まさにアメリカから輸入された機関車であり、スタイル的にも西部劇に出てくるような姿だった。特に前部に取り付けられていた牛避けを主とした排障器（カウキャッチャー）は、その象徴と言えるだろう。

　一方、国産としての蒸気機関車は1893（明治26）年に神戸工場で製作された860形が初で、これまで輸入された蒸気機関車を解体し研究を重ね、そこで習得した技術をもとに製作された機関車である。

　この技術の習得から、のちに国内における鉄道輸送の飛躍が始まり、明治末期

頃から急行列車の需要に応える形で、大型かつ高性能の機関車が誕生していくことになった。

　1914（大正3）年には8620形が製造された。国産の大型蒸気機関車で、炭水車のついたテンダー式であった。主に東海道本線や山陽本線などの急行列車などの運用に使われることになり、その後も高性能な蒸気機関車C51形や貨物用の9600形などが誕生していった。

　昭和に入ると蒸気機関車の性能はますます向上し、C53形、C10形、今も大井川鐵道や東武鉄道などの復活運転で運行を続けるC11やC12、C56形蒸気機関車もこの頃に誕生した。

　ちなみに、あの有名なD51形蒸気機関車（通称：デゴイチ）は、1936（昭和11）年に誕生したテンダー式の貨物用蒸

気機関車で、最も多く製造された形式の機関車だ。その数は1115両にものぼり、列島各地で活躍した。

第二次世界大戦に入ると、鉄が不足したため、デフ（除煙板）や炭水車の構造の一部に、木材を使用するなど、鉄材や銅材の節約をしたD52形やD51形が誕生した。

戦後は、旅客用機関車が不足したため、C57、C58、C59形が若干製造されたほか、余剰となっていたD51形のボイラを使用したC61形、D52形を使用したC62形も誕生した。

C62形は、日本最大の旅客用蒸気機関車で、戦後の優等列車「つばめ」「はと」などの牽引も務め、1954（昭和29）年12月15日には、東海道本線木曽川橋梁において、狭軌の蒸気機関車としては世界最速の129km/hを打ち出した。

しかし、1960（昭和35）年以降は、動力近代化が押し進められ、鉄道の主役は、電機やディーゼルに移行していった。国鉄の蒸気機関車終焉は、1976（昭和51）年3月、北海道の追分機関区の9600形が最後となった。

現役の蒸気機関車が消えた後は、観光列車として復活運転が各地で行われており、懐かしい姿を見ることができる。

最後の現役蒸気機関車となった追分機関区の9600形

❷ 蒸気機関車の種類

　蒸気機関車には、大きく分けてテンダ機関車とタンク機関車がある。テンダ機関車は石炭と水を積む炭水車を連結している。石炭と水の容量が大きいため長距離運転に適している。

　タンク機関車は、石炭と水を機関車自体に積んでおり、短区間運転に向いているほか、バック運転も見通しがよく、転車台のないローカル線や入換作業に向いている。

　このほか、蒸気の使用方法方で過熱式と飽和式、シリンダ数などで細かく分類できるが、現在の動態保存機関車は、加熱式の2シリンダ車両となっている。

❸ 構造

　蒸気機関車は、石炭を燃やして水を沸騰させて蒸気を作り、その蒸気でピストンを動かし、往復運動を回転運動に変えて動輪を動かす。その構造を大きく分けると、蒸気を作るボイラ部分、動力を作り出すシリンダ部分、動輪などの走り装置の3つとなる。

●ボイラ

　ボイラは大きな筒状になっており、燃焼された熱により水を蒸気に変える役目をする。ボイラには石炭を燃焼させる火室、蒸気を作るボイラ胴、煙突から煙を吐き出す煙室、蒸気を溜める蒸気溜、高圧の燃焼ガスを通す大小多数の煙管などで構成されている。

D51形テンダ機関車

上・急行旅客用機関車として誕生したC57形。常磐線平機関区
下・本線、ローカル線で使用された中型機関車C58形。陸羽東線中山平駅

上・東海道・山陽本線で特急も牽引した C59 形。山陽本線糸崎機関区
下・D51 形を改造して生まれた D61 形。留萌本線深川駅

SLの外観

1 ボイラー　この中に水が入っており、大小の煙管が100本前後配置されている。大煙管は蒸気が小煙管は熱気が通過して水を沸騰させエネルギーとなる蒸気を作る

2 煙突　火室で石炭を燃やした熱気や煙は、煙管を通って煙突から排出される

3 前照灯

4 給水温め器　ボイラー内に水を供給する際、真水を沸騰させるのは効率が悪いため、廃熱を使ってここであらかじめ温めておく装置

5 除煙板　走行中の空気の流れを変え、煙を上の方へ向かわせるための機器

6 煙室扉

7 シリンダ　パワーの源で、蒸気によりピストンを動かし動力を得る

8 蒸気室　シリンダへ蒸気を送る部屋で、中に2つの部屋があり交互に開閉をすることでピストンが左右に動く

9 メインロッド　パワーを直接動輪に伝える

10 動輪　大きな動輪は、C形で3つ、D形で4つ

11 給水ポンプ　ボイラーに水を供給する装置

12 旋回窓　円状のガラス面が回転することで、雨水や雪を弾き飛ばす

13 テンダ　下部の水槽に水、上部に石炭を積む

14 キャブ　運転席

15 タービン発電機　蒸気でタービンを回して発電し、照明など電気を必要とする機器に使用する

16 安全弁　ボイラー内部の圧力が上昇した際に逃がす装置で、これがないとボイラーが破裂してしまう

17 汽笛　汽笛はここから音がでる

18 蒸気だめ　内部は蒸気だめと砂箱が装備されている。蒸気だめは水が沸騰してできた蒸気を溜めておく場所、砂箱は車輪の空転を防ぐ砂が入っている

19 砂まき管　18の砂箱からはパイプが動輪間に通じている

主動輪。クランクピンで主連棒が繋がれている

①火室

　運転室のすぐ前に位置する火室では、石炭を燃やして高温の燃焼ガスを発生させる。火室内には内火室とその外側に水の入った外火室があり、内火室で発生した燃焼ガスがボイラの煙管に送り込まれる。

　内火室内にはレンガアーチが取り付けられており。石炭を均一に燃焼させる役割を持っている。

②ボイラ胴

　ボイラ内には何本もの大煙管と小煙管が配置され、その周りが水で満たされている。火室で発生した燃焼ガスがこの煙管を通ることで水が沸騰し、飽和蒸気が作られる。

③煙室

　煙管からの燃焼ガスやシリンダを動かした後の不要な蒸気を放出すると同時に、強制的に通風して火室に新鮮な空気を送り込む役目をする。煙室内には、シリンダからの蒸気を放出する吐出管と、煙室からの燃焼ガスの流れを調整し通風を均一化させる反射板が配置され、集められた煙は煙突から排出される。

④蒸気溜

　蒸気溜は、ボイラで作られた蒸気を溜めておく場所で、ボイラ中央部にこぶの

クロスヘッド

ように飛び出している。内部には加減弁が設置されており、ここから蒸気は乾燥管を通り過熱管寄せに集められる。集められた蒸気は再び煙管を2往復することでさらに温められ、300℃〜400℃の高温の蒸気となって過熱管寄せに戻り、ピストンに送られる。

●シリンダ

シリンダには、上から蒸気室、ピストン弁、ピストが組み込まれている。蒸気室は左右2つの通路に分かれており、右の通路を開くとピストン弁の右側に蒸気が入り、膨張する力で一番下のピストンを左側に動かす。ピストン弁が左側まで到達すると今度は左の通路から蒸気が入り、ピストンを右に動かす。これの連続によりピストンが左右に動く。

この際、ピストンを押した後の余分な蒸気は煙室を通って煙突から排出される。

なお、ピストン弁を動かす仕組みを弁装置と呼び、ここで説明したワルシャート式のほかに、スティブンソン式、ジョイ式などがある。

●走り装置

ピストンの左右の動きはピストン棒からクロスヘッドに伝えられ、ここで回転運動に変えられ、主連棒は主動輪に連結棒は他の動輪に力を伝える。

蒸気溜の横に付いているのが汽笛でその後ろが安全弁。一番左がタービン発電機

シリンダ

表1　炭水車一覧

形式	石炭 (t)	水 (m³)	主な使用機関車
450ft³	6.00	12.88	8620　9600
17m³	8.13	16.97	C51
20m³	8.41	20.00	C52
12-17	12.00	17.00	C53　C54　C55　C57　D50
8-20	8.00	20.00	C58　D51　D61
6-17	6.00	17.00	C58
5-10	5.00	10.00	C56
10-25	10.00	25.00	C59　C60
10-17	10.00	17.00	C61
10-22	10.00	22.00	C62　D52　D62

※ストーカー付は末尾にSが付く

❹炭水車（テンダ）

使用する石炭と水を搭載した車両で、上部に石炭、下部に水槽を搭載している。機関車によって大きさが決まっており、石炭や水の積載量も異なるため、幹線で使用する機関車は大型、ローカル線の機関車は少し小型のものを連結する。

なお、炭水車には、石炭と水の容量を示す表記が取り付けられている。（表1）

❺補助機器

①除煙板

煙突から吐き出された煙は、速度が速くなるにつれ機関車にまとわりつく性質がある。これを上に向けるのが除煙板で、デフレクターともよばれている。一般的には左右に屏風のように取り付けられているが、門司鉄道管理局の小倉工場では切り取り型タイプを開発した。スマートなスタイルで「門デフ」と呼ばれ、後に鹿児島工場、後藤工場、長野工場でも同タイプが製造された。

②タービン発電機

蒸気機関車も、前照灯、標識灯、運転室内、ATS装置など電気を使う部分もあるため、タービン発電機が搭載されている。

③砂箱

空転時などに線路に砂を巻く装置で、砂はボイラ上部の蒸気溜後方部分に収納されている。

④給水温め器

ボイラに送る水をあらかじめ温めておく装置で、機関車の前位付近に設置されている。

⑤汽笛

汽笛は、蒸気溜の脇に設置されており、機関車によって5和音と3和音とがある。

⑥安全弁

ボイラの圧力が高くなりすぎた際に、蒸気を吐き出して圧力を下げる装置。

❻運転室

運転室は、中央に焚口戸や各種計器、左に運転席、右に助手席を配置している。各名称は写真を参照してほしい。

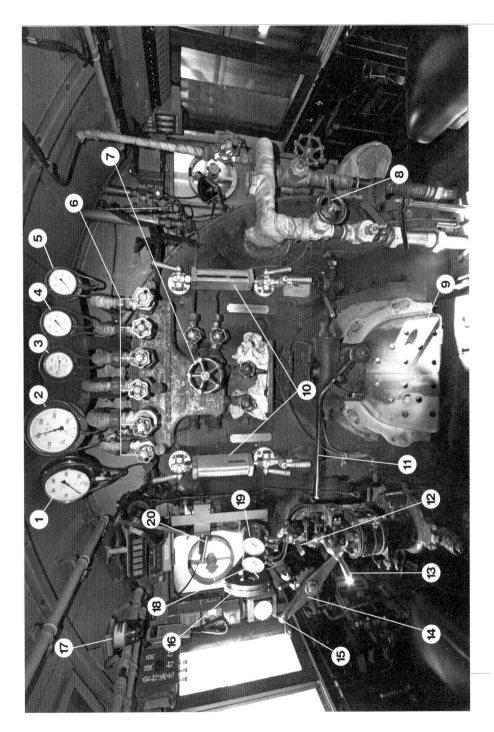

SL 運転台

1　蒸気シリンダ圧力計
2　蒸気ボイラ圧力計　ボイラ内の圧力を表示。機関車によって圧力が決まっており、おおよそ 14〜16kg/cm²が最大
3　給水ポンプ圧力計
4　暖房用蒸気圧力計
5　圧力計
6　右からブロワー、暖房、給水ポンプ、タービン発電機 1、空気圧縮機、タービン発電機 2 の各バルブ
7　主蒸気弁
8　インゼクター（注水器）ハンドル　ボイラに水を注水する
9　焚口戸　11 のハンドルで開け石炭を投炭する
10　ボイラ水面計　ボイラ内の水量が表示される
11　焚口戸開閉ハンドル
12　単独用ブレーキハンドル　機関車のみのブレーキ
13　自動ブレーキハンドル　機関車と客車、両方のブレーキ
14　逆転機ハンドル　自動車のギアに当たる部分で、右が前進、左が後退する。右いっぱいに回すと最大の出力（ローギアのようなもの）、動きを出したら徐々に左に回して速度に合わせた位置で固定する
15　速度計　列車の速度を表示
16　逆転機目盛板　14 の逆転機の目盛がどこにあるかを表示
17　ATS-P 用回転灯　列車自動停止装置 ATS-P 型の表示回転灯
18　空気圧力計　ブレーキ管の空気圧量などを表示
19　空気圧力計　元空気ダメ管の圧力などを表示
20　加減弁開放テコハンドル　自動車のアクセルにあたる部分で、これを手前に引くと動きを出す

051

❼ 蒸気機関車の形式

蒸気機関車の形式を表す記号と数字は、アルファベットと数字の組み合わせと、数字のみの2タイプ存在している。数字だけの形式は、明治、大正時代に誕生した車両で、昭和になってからの機関車はアルファベットと数字の組み合わせを使用している。

鉄道創業時は、1から輸入順に番号が振られていたが、車両数が多くなると形態別の形式が必要となり、当時の鉄道作業局はアルファベット1文字で形態を分けることとした。1号機関車はA1形、メーカーが異なる2〜5号機関車はA6形といった具合に整理が行われたが、機関車の番号とこの形式は関連性がなかった。

私鉄で開業した路線が官設鉄道に吸収されると、ますます形式が複雑となってしまった。そこで1909（明治42）年に数字により機関車の形態や車号を表すこととした。表1は、その際の番号表で、テンダーの有無や動輪の数で形式が定められ、番号を見るだけである程度の形態が分かるようになった。

しかし、これも機関車が増えてくると番号が足りなくなってしまった。現在も九州で動態保存されている8620形や貨物用の9600形は、末尾が99まで達すると頭に1の文字を付けた。9600形の場合、トップナンバーは9600で100両目が9699、101両目は19600となる。5桁の9600形の製造順は、頭の数字を100の位にし、末尾の2桁を足して1を足すと何両目かがわかる。複雑なのは8620形で、8699の次は18620で18600とはならない。これは8600形が存在してい

たためで、番号が大きくなると何両目の車両かが判別しにくい。これを求める式は、万の位の数字×80＋下2桁の数字－20＋1。これで計算すると九州の58654は、435番目に造られた機関車となるわけだ。（表2）

番号がインフレ状態になると、1928（昭和3）年に新しい形式称号が制定された。頭にアルファベットを付ける現在よく見られる方式だ。動軸の数で、1つがA、2つがBといった具合で、次の2桁を形式、末尾を製造順とした。形式は10〜49がタンク機関車、50〜99がテンダ機関車と分け、C11 207なら3軸のタンク機関車でC11形の207号機目となる。

旧来の数字だけの車両の形式は変更しなかったが、18900形、8200形、9900形の3形式だけは、それぞれC51、C52、D50形に改称された。

❽ 軸配置

形式番号は動輪の数やテンダ車かタンク車かの区別はつくが、先輪や従台車の数はわからない。そこで車輪の配置を表す表記が用いられた。この方法は、多くの国々ではホワイト式、アメリカでは独自の愛称で呼ばれ、日本では真横から見た車輪の数を数字とアルファベットで表示した。表3はその一部で、このほかにも軸配置による呼び名がある。

C62 2なら、2C2形のテンダ機関車で形式はC62形の2号機となる。アメリカ式ならハドソンと呼ばれ、レイルファンの間では「ハドソンC62」などと少しカッコイイ呼び名をすることもあるが、国鉄では2C2形が正式である。

1 動輪が 3 軸
2 形式番号　この場合はテンダ機関車
3 製造順の番号

表 2　旧方式の形式区分

種別	動軸数	番号
タンク機関車		1 〜 4999
テンダ機関車	2 動軸	5000 〜 6999
	3 動軸	7000 〜 8999
	4 動軸	9000 〜 9999

表 3　蒸気機関車の軸配置による呼び方の例

車軸配置	国鉄の呼び方	ホワイト式	アメリカ式通称
○○○	1 B	2-4-0	ポーター
○○○○	2 B	4-4-0	アメリカン
○○○○	1 C	2-6-0	モガル
○○○○	C1	0-6-2	
○○○○○	1C1	2-6-2	プレーリー
○○○○○	2C	4-6-0	テンホイーラー
○○○○○○	2C1	4-6-2	パシフィック
○○○○○○○	2C2	4-6-4	ハドソン（タンク機はバルチック）
○○○○○○	1C2	2-6-4	アドリアティック
○○○○○	1D	2-8-0	コンソリデーション
○○○○○○	1D1	2-8-2	ミカド
○○○○○○○	1D2	2-8-4	バークシャー
○○○○○○○	2D1	4-8-2	マウンテン
○○○○○○	1E	2-10-0	デカポット
○○○○○○○	1E1	2-10-2	サンタフェ
○○○○○○○	2E	4-10-0	マストドン
○○○○○○○○	1E2	2-10-4	テキサス

電気機関車

❶ 電気機関車の歴史

　世界で初めて登場した電気機関車は、1879（明治12）年ベルリンの貿易博覧会の会場で、ドイツのウェルナー・フォン・シーメンスが製作した小型の電気機関車であった。外部電源仕様の機関車で、ベンチ型のワゴンを3両牽引し、1周300mのループ線を走行した。当時の人たちは、「煙の出ない機関車」だと驚いたそうだ。

　日本では1891（明治24）年に足尾銅山坑内で使用されたのが最初で、その後1912（明治45）年に、横川駅〜軽井沢駅間の碓氷峠の急勾配区間（アプト式ラックレール）用に、ドイツのアルゲマイネ社製（AEG）の10000形（のちのEC40形）電気機関車が導入された。この機関車は、現在も軽井沢駅前に静態保存されており、ボンネットのように突き出した機械室、洋風家屋のように丸くデザインされた窓が特徴的な機関車だ。そ

流線型の EF55 形

の EC40 形に改良を加え、初の国産電気機関車として登場したのが ED40 形で、1919（大正 8）年に鉄道省大宮工場で製造された。

国産型電気機関車の研究開発のかたわら、引き続き外国製の電気機関車も多く導入され、1925（大正 14）年の東海道線（東京〜国府津間）・横須賀線（大船〜横須賀間）の電化開業に備え、アメリカやイギリス、ドイツやスイスなどのメーカーから電気機関車を輸入した。国産電気機関車も 1926（大正 15）年に日立製作所が 1070 形（ED15 形）を製造し、外国製の電気機関車と比較検討が行われた。

本格的な国産電気機関車は、1928（昭和 3）年に誕生した EF52 形で、続いて改良型の EF53 形、貨物用の EF10 形も製造された。

1935（昭和 10）年には、当時の流行もあり流線型の EF55 形が登場し、当時の花形だった「特急つばめ」の牽引機として運用された。しかし、流線型の形状は期待されたほど空気抵抗を削減する効果を得られなかった。また、機関車でありながら、終端駅ではターンテーブルなどを使用して、方向転換を行わなければならなかったこともあり、製造は 3 両に留まった。

1937（昭和 12）年には、初の蒸気暖房発生装置（SG）を搭載した EF56 形が作られた。それまでの機関車は暖房装置がなく、冬季は暖房車を連結して客車に暖房を送っていた。暖房車とは、ボイラを車内に設置し、乗務員が燃料の石炭を

SG を搭載した EF56 形

戦前の名機 EF57 形

デッキ付きの EF15 形

花形機関車だった EF58 形

2 車体を連接した EH10 形

貨物からブルートレインまで牽引したEF65形

投炭して暖房用のスチームを作る車両で、夏場は出番がなく冬季は牽引定数に影響していた。EF56形では、その暖房車が不要となり、1940（昭和15）年に製造された戦前の名機EF57形にも採用された。

戦時体制下となると、電気機関車も製造工程の簡略化や材料の削減などが行われ、1944（昭和19）年に製造されたEF13形電気機関車は、ボディ面積を減らした凸型電気機関車として登場。バネ上昇式PS13形パンタグラフや、一部の電気機器の搭載を見直してコンクリートの死重を積むなどの対策がなされた。

戦後に開発されたEF58形も、初期車両は戦時設計で性能もあまり良くなかったため、1952（昭和27）年以降に大幅な設計変更が行われ、デッキ部分を廃止したスタイルに変更された。初期車もボディが乗せ換えられ、EF58形は東海道

本線の花形機関車と君臨した。このうち、60、61号機はお召列車用として製造されている。

戦後の高度成長期に入ると、鉄道需要は飛躍的に上がり、東海道線を中心に線路許容量限界に列車が走っていた。そのため牽引する電気機関車もより強力で、使い勝手が良いものが求められ、1954（昭和29）年にEH10形電気機関車が誕生、東海道本線の重貨物列車で1200t牽引を実現した。

一方、東北や北陸地方では、経済的な理由から交流方式による電化が行われ、交流専用の電気機関車が開発された。1955（昭和30）年にED44・45形が仙山線で試験運転を行っている。

その後、交流電気機関車の標準として、ED70形電気機関車が導入された。また交流区間と直流区間を跨って運転できる交直両用電気機関車の開発が進められ

碓氷峠の補機 EF63 形

た。関門地区に EF30 形が登場し、常磐線用の電気機関車としては EF80 形が誕生した。1968（昭和 43）年には、交流 50Hz と 60Hz の両方を走れる EF81 形が日本海縦貫線に投入された。

EF81 形は、「北斗星」や「トワイライトエクスプレス」、「カシオペア」などの人気寝台列車を牽引した機関車として知られるが、登場時は貨物列車牽引が主な任務だった。

直流電気機関車では、ED60 形、ED61 形、EF60 形、EF61 形など新型直流電気機関車グループが中央線や東海道本線で活躍を開始し、信越本線用 EF62 形、碓氷峠の補機用 EF63 形などのラインナップも揃った。

1964（昭和 39）年には、勾配線区用の EF64 形、1965（昭和 40）年には平坦線区用の EF65 形が誕生した。EF65 形は貨物用として製造されたが、後にブルートレイン牽引用の 500 番台 P 形、重連総括制御の 500 番台 F 形、耐寒耐雪装備に 1000 番台 PF 形と進化を続けた。

1966（昭和 41）年には、1300 t 牽引の大出力機関車 EF90 形が開発され、EF66 形として増備された。のちに九州方面最後のブルトレ牽引機として、花道を飾ったのは記憶に新しい。

国鉄分割民営化後は、JR 貨物が機関車の開発を続け、国産の機関車として初めて、VVV インバータ制御を搭載した EF200 形（直流専用）、EF500 形（交直両用）が登場している。

それ以降も、さらなる研究開発と改良などがあり、現在、直流用では EF210 形、EH200 形、交直両用では EH500 形、EF510 形が、交流用では EH800 形が主力として活躍をしている。

交流用の ED75 形

関門で活躍した EF30 形

高速貨物用に誕生した EF66 形

交直両用の EF81 形

❷ 電気機関車の種類

電気機関車を電気方式で分類すると、直流電気機関車、交流電気機関車、交直両用電気機関車に分類できる。

形式も国鉄時代から、番号によって電気方式が解るように分類されていた。現在電気機関車の新製は JR 貨物のみで、100 桁の番号が使用されている。

❸ 構造

電気機関車は、架線から電気を取り入れ、主電動機（モーター）を回転させて線路を走る。ただし、架線からの電気は直接主電動機に伝えるのではなく、制御器で必要な出力に制御される。

1 直流電動機

国鉄時代に使用されていたのは起動時のトルクが大きい直流直巻電動機で、速度が上がるに従い、主制御の多段スイッチで主抵抗器の抵抗を減らし主電動機の電圧、電流を増やしていく。この際、主電動機を直列、直並列、並列と変えることで速度の制御を行う。

抵抗制御からさらに速度を上げる場合は、主電動機の界磁を弱める界磁制御が使われる。直並列、並列に弱界磁ノッチを 3 〜 4 段設けている場合が多い。

これらの制御を行う多段スイッチには、電磁弁で操作する単位スイッチ式と自動で行うカム軸スイッチ式がある。

抵抗制御は熱を発するため、冷却装置が必要となるので大きな空間が必要となるが、半導体素子の進歩で、サイリスタチョッパ制御に移行された。

交流電気機関車は、車両上の主変圧器で電圧を下げ交流整流子電動機を駆動する直接式が開発されたが、多くの車両は主変圧器で降圧し、主整流器と平滑リアクトルで直流に変換し、直流電動機を駆動する整流器式が採用されている。

2 交流誘導電動機

VVVF インバータ装置は、直流を三相交流に変換し任意の電圧と周波数を連続的に制御する。これにより交流誘導電動機の回転数とトルクの制御が可能となり、近年の車両は交流誘導電動機を使用している。

電気の流れは、直流では VVVF インバータ装置で三相交流に変換し、交流誘導電動機を駆動、交流は変圧器で電圧を下げコンバーターで直流に変換し、VVVF インバータ装置で三相交流に変換して交流誘導電動機を駆動する。

❹ 車体

初期の電気機関車は、前後にデッキが付き、運転室への出入りもデッキの扉から行っていた。現在は箱型のスタイルに変わっており、中央は機器室となっている。運転室は前後に付いているが、1 エンドと 2 エンドに区別され、1 エンド側に主要スイッチが付いている。

また、重量貨物列車を牽引するため、2 車体を連結した EH200 形や EH500、EH800 形などもある。

デッキ付きの EF57 形

2 車体連接の EH500 形

中間台車のある ED76 形

EF210 形名称

1 ボルスタレス台車
2 通風孔
3 採光窓
4 シングルアームパンタグラフ　FPS-4 形
5 冷却ダクト

❺台車

　台車は、2 軸台車、3 軸台車が使用され、2 軸台車を B、3 軸台車を C と表す。ED 形だと 2 軸が 2 台車なので、B-B、EF 形だと B-B-B または C-C となる。動力を持たない中間台車を中央に組み込んだ ED76 形などは B-2-B と区別される。

　各車軸に主電動機が付くが、一部の交流電気などは 1 主電動機で 2 軸を駆動する方式の機関車もあった。

❻駆動装置

　駆動装置は、主電動機の回転力を車軸に伝える装置で、電気機関車では大出力の大型モーターを搭載するため、単純な構造の吊り掛け式が一般的に用いられている。ただ、これまでには、主電動機に固定した中空軸内に車軸を通した「クイ

ル式」、改良型の「リンク式」、主電動機を台車枠に固定して歯車装置の間に可とう継手を設けた「可とう継手式」なども採用された。

❼電気機関車の形式

　1912（明治 45）年にアプト式で電化された横川〜軽井沢間に電気機関車が運行された。投入されたのはドイツ製の 10000 形で、当時は数字だけで機関車の形式を表していた。製造順の番号は 1 号

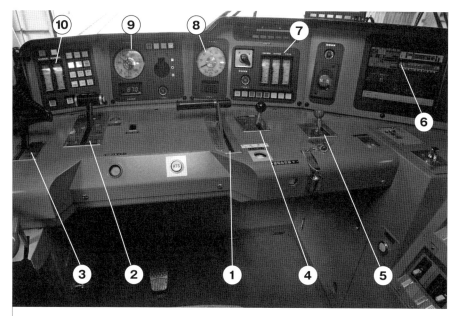

EF510 運転台

1 主幹制御器
2 ブレーキ弁（自弁）
3 ブレーキ弁（単弁）
4 前後進ハンドル
5 パンタ上げスイッチ
6 モニタ装置
7 電流計
8 速度計
9 圧力計
10 電圧計

機が 10000、2 号機が 10001 となる。大正時代になると、貨物用を 1000 から旅客用を 6000 からの番号とし、1000 形（後の ED10）、1010 形（後の ED11）、6000 形（後の ED51・ED52）などが生まれている。

車両が増えると番号が不足する可能性が出てくることから、1928（昭和 3）年の形式称号変更により、現在のようなア

ルファベットと数字の組み合わせに変わった。

頭に電気機関車を表す E（Electric）、2 番目に動輪の数を表すアルファベット、次に 2 桁の形式番号、そして 1 から始まる製造順の番号とした。動輪の数は蒸気機関車と同じで、真横から見て 4 軸なら D、6 軸なら F となる。

形式番号は最高速度や用途で分けられ、10 〜 39 が 85km /h 以下、40 〜 49 がアプト式、50 〜 99 が 85km /h 以上とした。10000 形や 1000 形なども EC40 形や ED10 形に改番された。

昭和 30 年代になると、交流電化の試験が仙山線で行われ、試験用の交流電気機関車が開発された。形式は ED44 形と ED45 形で、本来ならアプト式機関車が名乗る形式が使用された。交流機関車の番号区分が決まる前で、アプト式が 1963（昭和 38）年に廃止されることも

数字だけの形式だった 10000 形　　　　　　JR 東日本が製造した EF510-500 番台

あり、とりあえずの空き番の 44 ～の番号が与えられた。交流機関車の番号区分が決まると試作車番号の ED90・91 形に改番された。

　新しい番号区分は表 1 で、直流、交流、交直両用、試作車が最高速度の違いで分別されている。

　JR 移行後は、電気機関車の新製は、JR 東日本が製造した EF510-500 番代を除き JR 貨物のみとなったため、表 2 の区分が新設された。これまで最高速度による区分に変わり、電動機の種類による番号区分となり、形式も 3 桁となった。

❽ 車軸による分類

　蒸気機関車と同じく、国鉄は形式と共に車軸配置による表示（表 3）が用いられた。国鉄時代はカーブがきつく、線路も脆弱な路線も多かったため、軸配置により入線できるかの判断を見極めていた。先輪を数字で、動軸数を台車ごとにアルファベットで、台車間が連結されている場合は＋、繋がらない場合は－で表示する。

　この方式は、国鉄以外に UIR（国際鉄道連合）が規定した表示もあり、陸続きのヨーロッパでは他国へ乗り入れる判断材料とし、フランス国鉄では形式に軸配置を用いている。基本的には国鉄式と同じだが、動軸が独立している場合は小さい。を、主台枠と無関係な独立軸は´が付けられる。なお、国鉄の分割民営化後は、UIC 式が使用されている。

先輪のある EF58 形

表1　電気機関車の形式数字

	最高速度	
	85km/h 以下	85km/h 以上
直流機関車	10 〜 29	50~69
交流機関車	30~39	70~79
交直流機関車	40~49	80~89
試作機関車	90~99	

表2　JR貨物の形式数字

	使用電動機		
	直流電動機	交流電動機	その他
直流機関車	100~190	200~290	300~390
交直流機関車	400~490	500~590	600~690
交流機関車	700~790	800~890	900~990

左・B-B-B の EF65 形／右・2 車体連接の EH200

表3　車軸配置の表示

軸配置	国鉄式	UIC 式	主な機関車
●₀●+●₀●	A1A+A1A	$A_0 1A_0 + A_0 1A_0$	ED18
●● ●●	B-B	$B_0 - B_0$	ED75
₀●●+●●₀	1B+B1	$1B_0 + B_0 1$	ED16
●● ₀₀ ●●	B-2-B	$B_0 - 2 - B_0$	ED76
●● ●● ●●	B-B-B	$B_0 - B_0 - B_0$	EF210
●●● ●●●	C-C	$C_0 - C_0$	EF62
₀₀●●●+●●●₀₀	2C+C2	$2´C_0 + C_0 2´$	EF58
●● ●● ●● ●●	(B-B)-(B-B)	$(B_0 - B_0) - (B_0 - B_0)$	EH500

ディーゼル機関車

❶ ディーゼル機関車の歴史

　世界的に見ると内燃機関を搭載した機関車は、工場や土木作業現場のトロッコ牽引用に使われていたと伝えられている。記録自体が 20 世紀初頭のため、正確な記録が残っていないようだ。

　このトロッコ牽引用のディーゼル機関車の登場以降も、動力伝達方式に十分な発展がなかったが、アメリカのヘルマン・レンプによるレンプ式の「電気式伝達方

式」が開発され、電力伝達の効率が飛躍的に上がり、本格的に大型のディーゼル機関車が開発されるようになった。

　1936（昭和 11）年に、アメリカのアッチソン・トピカ・アンド・サンタフェ鉄道（通称：サンタフェ鉄道）では、初の旅客用ディーゼル機関車を導入した。そのことを皮切りに、貨物専用機においても、4 両重連で合計 5400 馬力に及ぶ幹線用貨物列車が運転された。

　1940（昭和 15）年頃になると、主に

電気式の DD50 形

アメリカにおいて、電気式ディーゼル機関車が主力となっていた。アメリカは長距離列車が多く、客室を併設したいわゆる気動車よりも、必要な時に客車や貨車をセレクトできるディーゼル機関車の方が使い勝手がよかった。

ドイツは、液体式のディーゼル機関車の開発に力を入れており、1952（昭和27）年に1000馬力のV80（のちの280形）、4000馬力のV320などが製造されたほか、フランスやスイス、蒸気機関車王国と言われたイギリスも、近代化のためにディーゼル機関車の開発に勤しんだ。

日本におけるディーゼル機関車の歴史は意外にも浅く、1923（大正12）年に、堀之内軌道にドイツ製が導入された。国有鉄道では1929（昭和4）年頃にDC11形、

翌年にDC10形がドイツから輸入された。動力伝達方式は、エンジンの出力をクラッチで断続的に行う（自動車のマニュアルと同じ）機械式だった。両形式ともに、故障やトラブルが多かったものの、それらの経験が、以降の日本におけるディーゼル機関車の発展につながった。

国産初のディーゼル機関車は、1932（昭和7）年に製造されたDB10形と1935（昭和10）年のDD10形だが、日中戦争の影響で一旦ディーゼル機関車の開発は閉ざされてしまう。

本格的にディーゼル機関車が開発されたのは戦後になってからで、蒸気機関車の淘汰を目的に電気式のDD50形ディーゼル機関車が1953（昭和28）年に登場したDD50形は北陸本線に3両が投入さ

DD50形の発展型 DF50形

液体式の本線用機関車 DD51 形

ローカル線用の DE10 形

れ、各種試験運用を行った後に 3 両が増
備されている。

　DD50 形の発展型となる電気式の DF50
形が、1957（昭和 32）年に製造され、
非電化区間において、旅客列車から貨物
列車まで幅広く使用された。ただ、出力
が不十分で重量も重かったため、液体式
の DD51 形が 1962（昭和 37）年に製造
され、国鉄の本線用機関車として大量に
増備された。

　操車場などでの入換作業の無煙化用と
しては、1954（昭和 29）年に DD11 形
を製造した。液体変速機を国内で初め
て採用した車両で、以降の DD13 形や
DD51 形など液体式ディーゼル機関車の
元となった。

　ローカル線用には、1966（昭和 41）年
に DE10 形が開発され、全国のローカル

線や入換作業などの無煙化に貢献した。

　JR への移行後は、JR 貨物が 1992（平
成 4）年に DF200 形ディーゼル機関車を
開発し、北海道や関西本線で活躍してい
る。JR 九州には 2013（平成 25）年にクルー
ズトレイン「ななつ星 in 九州」の牽引機
として 7000 番台が登場している。

　一方、構内での入替用ディーゼル機関
車の後継機としては、2010（平成 22）
年に、HD300 形ハイブリッド機関車が登
場した。HD300 形は、ディーゼル発電機
を動力源として使用するほかに、蓄電池
（リチウムイオンバッテリー）も使用し
ている。

　この両方の動力源を協調させてモー
ターを回す仕組みで、いよいよディーゼ
ル機関車にも新しい時代がきたように思
える。

JR貨車のDF200形

ハイブリッド機関車HD300形

❷ ディーゼル機関車の種類

ディーゼル機関車は、動力伝達方式と、車体の形状により分けられる。動力の伝達には古くから使用されている機械式、電気式、液体式のほか、最近ではハイブリッド式が登場した。

● 動力伝達による種類
① 機械式

歯車を介して動力を伝達する方式で、クラッチを使用するため大馬力には適さない。黎明期にはこの方式が使用された。

② 電気式

ディーゼルエンジンに発電機を直結し、発電した電気で車軸の電動機を回転させる。国鉄時代はDF50形などで使用された。その後は液体式が主流となったが、制御装置にVVFインバータ制御器が用いられるようになると、電気式のほうが保守の軽減が図られることから、DF200形で再び電気式が採用された。

③ 液体式

ディーゼルエンジンからの回転力を、トルクコンバーターを通して伝達する方式で、入力軸の回転数より出力軸の回転数が落ちると、トルクが増大するため、小馬力から大馬力まで適用できる。

④ ハイブリッド式

ハイブリッドとは、異なる方式の動力源を組み合わせた車両のことで、ディーゼル機関車では、ディーゼルエンジンと発電機、蓄電池を組み合わせている。

● 車体形状による種類
① 箱型

電気機関車のように前後に運転室を持ち、中央にディーゼルエンジンなどの機器室がある。

② 凸型

中央に運転室を持ち、その前後のディーゼルエンジンや機器室を配置した形状で、進行方向が良く変わる入換機関車に適している。ただし、本線用のDD51形はこのタイプを採用している。

❸ 構造

ディーゼルエンジンでの回転力がどのようにして車軸に伝わるのか、電気式のDF200形で説明しよう。エンジンの回転は発電機に伝えられ、交流電気を発電する。交流電気は整流器で一度直流に変換し、インバータで任意の電圧と周波数の三相交流に再変換され交流電動機を駆動する。直流変換時には必要な補助電源も確保される。

DL 外観

1 排雪器／2 連結器
3 前照灯
4 (内部) 冷却装置
5 排気管／6 運転室
7 台車／8 燃料タンク
9 (内部) ディーゼルエンジン
10 (内部) 液体変速機

DD51 形など液体式は、エンジンの回転がトルクコンバーターに伝わる。この内部にはエンジン側のポンプ羽根車、ケーシングに固定された案内羽根、出力軸側のタービン羽根車からなり、エンジンが回転するとポンプ羽根車の軸が回転して内部の油が流れを作る。油は案内羽根にぶつかりトルクが与えられ、タービン羽根車の軸を回転させる。この軸は推進軸と繋がり、車軸の減速機に伝わり車輪が動く。

大形エンジンを搭載する機関車では、トルクコンバーターを 3 つ設置し、速度によって最も効率の良いトルクコンバーターに切り替えて使用している。

DD51 形の液体変速機は、トルクコンバーターのほか、前進後進用の逆転クラッチやポンプ、オイルクーラーなどが装備されている。

ハイブリット式については気動車の項を参照。

❹ ディーゼルエンジン

ディーゼルエンジンは出力により様々なタイプが使用されている。エンジンは車体に設置するため、気動車の横形とは異なり V 形多い。JR 以降に誕生した車両のエンジン形式は、メーカーの形式を採用しているが、国鉄では統一の形式を使

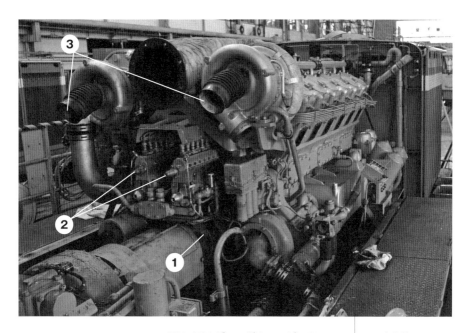

DD51 形のディーゼルエンジン DML61Z

1	出力軸
2	燃料噴射ポンプ
3	過給機

DE10 形の運転室

DL 運転室

1 ブレーキ（単弁）／**2** ブレーキ（自弁）
3 主幹制御器／**4** 速度計
5 圧力計／**6** 逆転機ハンドル

用していた。例えば DD51 形の DML61Z は、DM がディーゼルエンジン、L がシリンダ数で 12（A から数えて 12 番目）、61 がシリンダ総排気量で 61ℓ、Z が過給機、給気冷却付となる。

なお、JR 貨物の DF500 形は、V 形 12 気筒でドイツ・MTU 社 12V396 形、後期車はコマツ SDA12V170-1 形を搭載している。

❺ 運転室

箱型機関車は前後に運転室が設けられている。凸型機関車は、本線用の DD51 形は中央前後に運転台があるが、DE10 形は横向きの運転台となっている。

運転台の機器配置は、左がブレーキ弁（単弁と自弁）、右が主幹制御器となるが、DE10 形では左が主幹制御器、右がブレーキ弁と反対になっている。

❻ 台車

台車は DD 形が 4 軸、DE 形が 3 軸 +2 軸の 5 軸だが、DD51 形は軸重を軽減するため無動力の中間台車を装備している。

液体式の場合、トルクコンバーターからの動力は、推進軸によって車軸の減速機に伝えられる。電気式は台車にモーターが吊り掛けられ、モーターの回転軸の小歯車と車軸側の大歯車がかみ合うことで動力が伝達される。

DD51 形の中間台車

❼ 暖房

　電気機関車と同じく、国鉄時代に製造された機関車には、冬季の旅客列車用に蒸気発生装置を搭載している機関車も在籍した。機関車の水タンクから水を吸い上げ、ディーゼルエンジンで火を起こし蒸気を作っていた。

❽ ディーゼル機関車の形式

　1929（昭和 4）年に鉄道省で試験的にディーゼル機関車を導入することとなり、機械式と電気式の機関車がドイツから輸入された。その際、形式を機械式はDC10 形、電気式を DC11 形とし、現在も使用される D の頭文字が採用された。
　1935（昭和 10）年には国産の DD10形も登場するが、蒸気機関車よりも性能が劣るため量産には至らなかった。
　戦後になると本格的にディーゼル機関車の開発が進められ、1953（昭和 28）年に DD50 形が登場する。翌年には入換

用の DD11 形も誕生し、ディーゼル機関車の形式称号も定められた。
　頭文字は Diesel から D とし、次に動軸の数、そして形式、製造順の番号と、電気機関車と同じ法則が用いられた。形式番号も最高速度により分類され、最高速度 85km/h 以下を 10 〜 49、85km/h 以上を 50 〜 89、試作車を 90 〜 99 とした。製造順の番号は 1 〜 としているが、用途や搭載機器の違いによる番代区分が行われているが、共通ではなく機関車により異なっている。
　JR 発足後、JR 貨物では国鉄時代のディーゼル機関車を置き換えるため、電気機関車同様に 3 桁の形式を持つ車両を新製した。さらに新技術のハイブリッドディーゼル機関車の開発も行われ、新しい基準による形式称号が決められた。頭文字はディーゼルエンジン車を D、ハイブリッド方式を H とし、動軸数の後に 3桁の形式、製造順の番号の前にハイフン付ける方式とした。電気式や液体式のほか、ハイブリッドはシリーズ式かパラレ

ル式などで番号が区分される。

　JRでは貨物会社以外でディーゼル機関車を新製したのはJR九州の「ななつ星in九州」牽引用のDF200形のみで、JR貨物の車両と同一タイプのため7000番代に番台区分だけを変えている。

　また、JR北海道では通常は線路閉鎖を行って運行する除雪用モーターカーに、保安機器などを搭載して本線での運行を可能としたDBR600形が存在した。Dは

ディーゼル、Bは2軸動力、Rはラッセルおよびロータリーで、600は出力600PSを表した。鉄道車両としては特殊な表記だが、機械扱いの事業用車両ではアルファベット3文字を使用した車両は多い。

　なお、国鉄から継承した形式の変更は行われず現在に至っているが、国鉄型は数も減らしており近いうちに2桁の形式も消滅するであろう。

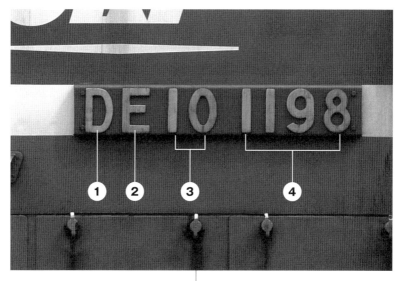

DL形式番号

1　ディーゼル機関車を表すD
2　真横から見た動輪数を表す。Eは5つ
3　形式番号
4　製造順の番号

DBR600形の車両標記

電車

❶ 電車の歴史

世界で初めて電車が誕生したのは1881（明治14）年、ドイツのシーメンスがベルリンのリヒタフェルデ〜グロース・リヒタフェルデの間2kmで営業を始めた。

日本においては1890（明治23）年に、東京の上野公園で行われた第3回・内国勧業博覧会の会場で、日本初の電力会社である東京電燈株式会社（現・東京電力）がアメリカから買い入れた直流500V、15馬力の電車が運転されたのが最初だった。

営業用としては1895（明治28）年の京都駅前〜伏見間で、京都電気鉄道（のちの京都市電）によって運行された。その後も1898（明治31）年には名古屋、東京、大阪と主要都市に電車の導入が進められた。

それまで導入された電車は主に路面を走行する「路面電車」で、鉄道線を走る電車が誕生したのは、1904（明治37）年の甲武鉄道株式会社飯田町駅〜中野駅間（現在のJR中央線）となる。

流電の愛称があったクモハ52形

戦後誕生したモハ63形を改造した73形

　当時の電車は、全長10ｍ程の小型木造車体、主要の電気部品は全て外国製で、50馬力の電動機を2個備えていた。この初期の電車は東京で活躍後、地方の鉄道路線で活躍を続けた。そのうちの1両が、廃車後も松本電気鉄道で保存され、2007（平成19）年に埼玉県の鉄道博物館に寄贈され、現在でも見ることができる。

　1909（明治42）年には、国産初の2軸ボギー車が誕生した。車体も16ｍ程度に大型化されて、電動機は45馬力のものを4台搭載でき従来よりも強力になった。以降は国鉄（省線）ばかりではなく、関東・関西エリアの私鉄にもボギー車が登場して、徐々に全国に広がってきいった。

　当時の集電装置はトロリーポールを使用していいため、架線から離線してしまう懸念がありまだ高速運転は行えなかった。1924（大正13）年頃になると集電装置をトロリーポールからパンタグ

ラフ方式に変更、車両をいくつも繋げて、先頭車両で運転操作を行う、いわゆる「統括制御」も可能な電車が登場した。

　使用電圧も当時の主流だった600Vから、1200Vや1500Vへと昇圧を行った。大正から昭和にかけては、鋼製車体も登場した。これは鋼板や鋼材をリベットで絞めて車体を組み立てる技術が確立したおかげで、比較的丈夫な車体を作ることを可能とした。

　そのため、安全性や耐用年数も長くなり、さらに大型な車体の20ｍ車両が作られるようになる。20ｍ車体といえば、我が国においての標準的な車体スペックの一つで、いわばこの時代において「標準的な電車」が確立していたと考えられるだろう。

　路面電車のように単車運転から始められた電車は、5〜6両編成で運転されるようになったが、近距離の輸送に限定されており、最初から全て電動車で編成を

新性能電車 101 系

想定して設計されたものではなかった。運用都合に合わせて組み合わせているので、デコボコした編成で運行されることが多かった。

　また、車内の設備も客車に比べて貧弱であったが、大都市を中心に電車を運転するエリアが拡大し、東京や関西圏を中心に電車が中・長距離を走ると設備の向上も図られた。代表的なものは、横須賀線と京阪神用の電車で、クハ（運転台付の付随車）、モハ（電動車）、サハ（付随車）などの各形式を組み合わせ、基本編成と付属編成を決めて運用された。京阪神で活躍したモハ 52 系電車は、先頭の形状が魚雷のような流線型で、外装塗装も明るいマルーンとクリームの塗り分けを採用、性能的にも歯車比を小さくして、高速運転を考慮している。

　しかしながら、この頃になっても旧型木造電車は依然として使用されており、衝突時の安全性に懸念が残るものの、鋼体車両と木造車両を混結した編成も多くみられた。1935（昭和 10）年ごろになると、木造車両を半鋼体にする改造が始められた。しかし太平洋戦争の勃発で中止され、輸送上の必要性から、多くの私鉄も国有化された。

　車両もそのまま鉄道省（当時の国鉄）に編入されると、さらに多くの木造車両が増えてしまう結果となった。戦争が激化して空襲による車両や施設の消失が多くなり、車両不足が発生すると、座席を取り外すなどして、一両当たりの乗車人員を増やす対策が行われた。

　運輸省が規格した戦時設計の通勤電車モハ 63 形が登場したのは終戦直後で、20ｍ車体でロングシート、片側に４つ扉がついた「現在の通勤電車の先祖」にあ

通勤電車の代名詞 103 系

151 系を改造した 181 系

新幹線 0 系

昼夜兼用の 583 系

交直両用の特急電車 481 系の発展型 485 系

たる。

　だが、戦時設計だった故に、天井剥き出しの車内、板張りのシートや安全対策も不完全だったため、桜木町駅構内で発生した車両火災事故で多くの人が犠牲になってしまった。それ以降、モハ63形は安全対策が強化されたモハ72・73系に改造され、戦後の混乱の中で輸送に貢献したほか、車両不足の私鉄にも同形式の車両が割り当てられた。

　高度成長期に入り、まずは東海道本線の東京駅〜沼津駅間で電車の運転がはじまった。1950（昭和25）年に登場した湘南形の80系は、外観がカラフルなオレンジとグリーンのツートンカラー、車内は向かい合わせのクロスシート、荷物電車まで連結して、最大で16両編成を運転する長距離電車の先駆けとなった。

　首都圏でも様々な高性能電車が登場していて、営団地下鉄・丸ノ内線に登場した300形は、両開き扉を本格的に採用し、真っ赤な塗装に白い帯、波線の飾り帯をした斬新なデザインで現れた。さらに国鉄中央線にお目見えした、モハ90系（のちの101系）は、20m級の車体で、片側に4つある両開き扉、モーターは今までの吊り掛け方式から、「台車装荷式」の「中空軸並行カルダン方式」を採用した。

　ブレーキ装置は、「電磁直通ブレーキ」で、加減速に優れた性能を持つようになった。加速と減速性能が上がると、運行する列車間の間隔も短くなり、ラッシュ時などの輸送人員に応じたダイヤが組めるようになった。

　東海道線全線電化が達成すると、東京〜大阪間を日帰りで出張できる「ビジネ

中央本線を走る E353 系

上・JR東日本 E261系／下・JR西日本 213系

ス特急」が考案され、1958（昭和33）年に「特急こだま」20系（のちの151系）が登場した。東京駅〜大阪駅の所要時間は6時間半となった。そして、1964（昭和39）年には、東海道新幹線が開業した。逼迫する東京〜大阪間に新線で独立した線路が整備され、高速運転が可能な鉄道車両も誕生した。

新幹線に初めて登場したのは0系車両で、営業最高時速210km/h、高速運転に必要な新たな保安装置として「ATC自動列車制御装置」、「CTC列車集中制御装置」を採用した。12両編成で、全車両が電動車である。車両性能も世界最高の水準を誇り、全く新しい電車が登場した。

0系電車以降も、日本の電車には様々な高性能車両が登場する。アルミ車体を採用した地下鉄乗り入れ用の301系、オールステンレス車体の東急電鉄7000系、電力の省エネを実現した電気司令式ブレーキを搭載し、サイリスタチョッパ制御を実現した営団地下鉄・千代田線の6000系などだ。

電化方式も、地方線区において交流電化が推し進められ、直流区間と交流区間を直通する交直両用電車が誕生した。この頃になると、長距離列車の主役は客車から電車に移り、1967（昭和42）年には、寝台と座席両用の581系が誕生する。さらに、曲線の多い路線でのスピードアップを図るため、振り子式電車381系も開発された。

新幹線網も1982（昭和57）年に、東北・上越新幹線が開業し東日本方面にも広がりを見せた。現在では函館から鹿児島まで新幹線で移動できるようにもなった。

電車の技術の進歩もすさまじく、VVVFインバータ制御器の開発で、主電動機が直流から交流に進化した。さらに、これまで非電化区間と電化区間を直通する列車は、気動車か客車に頼っていたが、蓄電池を搭載して非電化区間でも電車と同様の性能で運転が可能ともなった。

❷電車の種類

電車は、電源の方式や制御器、使用目的などで種類を分けることが出来る。

●電源による分類
１直流
架線からの直流電気を集電する方式で、一般的には電圧1500Vが主流だが、地下鉄や路面電車、モノレール、AGTなどは600Vや750Vが使用される。
２交流
架線からは20000V、新幹線は25000Vの単相の交流電気を集電する方式で、東日本は50Hz、西日本は60Hzの周波数となる。なお、一部のAGTでも三相600Vを使用している。
３交直両用電車
交流と直流の両方を走れる電車で、50Hz、60Hz、50・60Hz両用のタイプがある。
４蓄電池電車
車両に蓄電池を搭載して、架線のある区間ではパンタグラフから集電して主電動機を駆動させるのと同時に、蓄電池にも充電し非電化区間での電気として利用する方式。

上・直流電車　JR西日本223系／下・交流電車　JR九州813系

交直両用電車 E653 系 　　　　　　　　　　　　　　　蓄電池電車

●用途による分類

1 新幹線

主たる区間を時速 200Km/h 以上で走行する電車で、軌間は 1435mm、踏切がない。

2 特急用

特急用車両は、車内に転換クロスシートを設置し、トイレや車椅子スペースなどが設備されている。以前は食堂車も連結していたが、現在は廃止された。

3 急行用

現在では姿を消したが、かつての急行や準急には 4 人掛けのクロスシートを装備していた。ビュッフェ車を連結した列車もあった。

4 近郊形

3 扉でクロスシートとロングシートが混在した車両を近郊型と呼んでいた。401 系、111 系、115 系などが該当するが、地方線区用の電車が誕生したほか、首都圏の中距離電車にロングシートを投入す

るなどで、この呼び名もあいまいとなり、あまり使われなくなっている。

5 通勤形

ロングシートを基本とし、片側 4 ドアまた 3 ドアの車両。大都市圏で運用される 101 系や 103 系のことを指していたが、近年では地方線区でもロングシート車が使用されることもあり、明確な区分が薄れつつある。

6 事業用

営業用には使われない車両で、試験車両や車両基地や工場での入換車両、配給用車両、訓練車両などがある。

7 貨物電車

電車方式のコンテナ貨物列車で、「スーパーレールカーゴ」として東京貨物ターミナルと安治川口を結んでいる。編成の前後 2 両がユニット方式の電動車で、中間は附随車となり、全部の車両にコンテナが搭載される。

モハ E531 系

1 台車
2 主変圧器
3 SIV
4 コンバータ・インバータ
5 交直切換器
6 シングルアームパンタグラフ
7 計器用変圧器
8 冷房装置

❸ 構造

　電車は、架線の電気をパンタグラフで集電し、直流電車は制御器で電圧を制御。主電動機を駆動させ、その回転力を台車の輪軸に伝える。主な機器には、制御器、駆動装置、主電動機となる。

　交流電車の場合は、架線からの交流電気を変圧器で電圧を変え、整流器で交流を直流に変換してから制御器に送られる。

●制御器による分類
① 抵抗制御

　抵抗器の抵抗により電圧を可変して直流電動機の速度制御をする方式。長い間この方式が使われてきたが、現在は年々数を減らしている。補助抵抗器を加え、

抵抗の段階を増やしたバーニア抵抗制御
もある。

②チョッパ制御

　チョッパ制御には、界磁、電機子、分
巻の方式がある。いずれも電動機の種類
が異なり、界磁チョッパ制御では直流複
巻電動機を使用し、界磁巻線をチョッパ

抵抗制御器

界磁添加励磁制御器

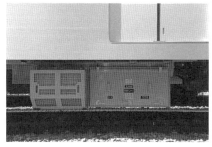

VVFインバータ装置

制御。電機子チョッパ制御は、直流直巻
電動機に流れる電流を高速でオンオフ
し、オン時間の増減で制御する。分巻
チョッパ制御は直流分巻電動機の界磁巻
線と電機子巻線が並列になっており、界
磁電流を独自に制御する。どの方法でも
回生ブレーキが可能となる。

③界磁添加励磁制御

　界磁の部分だけを制御するが、直接電
流を制御するのではなく別電源からの電
流を加える方式で、回生ブレーキも使用
できる。

④サイリスタ位相制御

　交流電流で使用される方式で、交流の
位相をサイリスタのオンオフにより制御
する。

⑤インバータ制御

　VVFインバータで交流誘導電動機を制
御する方式で、現在の電車の主力となっ
ている。初期にはインバータの素子に
GTOサイリスタ素子を使用していたが、
現在はIGBT素子を使用する。

⑥PWMコンバータ・インバータ制御

　交流電車の制御方式で、変圧器を介し
てPWMコンバータ（整流器）に送られ
た交流電圧を直流定電圧に変換、中間コ
ンデンサでIGBT素子のVVFインバータ
装置と連結させ、交流誘導電動機を駆動
する。

●駆動装置

①吊り掛け方式

　主電動機を車体に吊り掛け、電動機の
小歯車と車軸の大歯車を繋いだ方式で、
古い電車に用いられていた。

②カルダン方式

　主電動機を台車枠に取りつける台車装

リニアモーターカーで走る仙台市営地下鉄東西線

荷式で、主電動機とギアボックスを継手で繋いでいる。主電動機を台枠と平行に置いた平行カルダンと直角に配置した直角カルダンがある。

③リンク式

台車枠に固定した主電動機に中空軸（クイル）を設置し、中空軸に車軸を通し大歯車を取り付け主電動機側の小歯車とかみ合わせる方式がクイル式。この伝達方式をリンクに変更したのがリンク式となる。

●継手

カルダン式は継手で結ばれるが。この継手方式には自在継手を多用した中空軸平行カルダンや、板バネを組み合わせたTD駆動、歯車とバネを組み合わせたWN駆動がある。

●主電動機
①直流直巻電動機

界磁の磁力線と作用して電機子が回転をする。電機子の整流子とブラシが接触することで、電気がコイルの一定方向に流れる。

②直流複巻電動機

界磁チョッパ制御車で使用される。界磁コイルが電機子と直並列になっている。

③直流分巻電動機

界磁コイルが電機子と並列になっている。

④交流誘導電動機

筒状の固定子の中に回転子が収められており、固定子内側に3組に分かれた複数のコイルが付いている。この3組のU相、V相、W相に交流電気を流すと、回転磁界が発生し回転子が回る仕組み。

⑤永久磁石同期電動機　PMSM

誘導電動機の回転子部分が永久磁石になっている。

⑥リニアモーター

リニアモーターは、これまで筒状だっ

た電動機を開いて平にした構造で、車両側に1次側コイル（リニアモーター）が付き、交流電気を流して磁界を発生させると、軌道中央の2次側コイル（リアクションプレート）との間で磁石の吸引・反発が起こり車両が推進する。

●補助電源装置

補助電源装置は、車内の照明やエアコンなど低電圧の機器を作動させるための装置で、電動発電機（MG）が使用されてきたが、VVVFインバータ装置の開発で、静止型インバータ（SIV）が使用されるようになってきた。

●集電装置

架線からの電気を取り込む装置で、パ

ンタグラフとも呼ばれている。電車の黎明期にはポール型やビューゲルが使われた。現在は、菱形、下枠交差型、シングルアームの3種類が見られる。なお、第3軌条式では台車の集電靴から集電される。

●電動空気圧縮機

ブレーキやドア開閉などに使用する圧縮空気を作り出す装置。

❹車体傾斜式電車

車体傾斜式電車は、曲線区間を通過する際に車体を内側に傾斜させることにより遠心力を減らし、通常の電車よりも早い速度で通過できるようにした車両で、傾斜方法は以下がある。

自然振り子式の381系

制御付き自然振り子式の JR 四国 8000 系

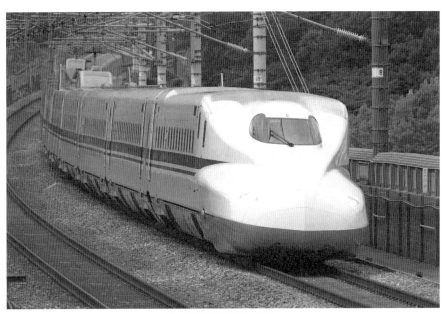

空気バネ車体傾斜方式の N700 系

1 自然振り子式

車両の重心よりも高い位置に車体傾斜の回転中心を置き、曲線に入ると遠心力で車体が傾斜する仕組みで、381系などで採用されている。ただし、緩やかな曲線などでは、振り遅れや揺り戻しの減少が起こりやすく、その振動が乗客の乗り物酔いの原因ともなっている。

2 制御付き自然振り子式

振り遅れ、揺り戻し現象を解消するため、あらかじめ線路の状況を車両のマイコンに記憶させ、その状況に合った車体傾斜角度を選択する方式。

3 空気バネ車体傾斜方式

台車の空気バネの伸縮差で車体を傾斜させる方式で、線路の状況を記憶させた制御装置の設置だけで2度の傾斜でも基本速度に+25km/hの速度向上が出来るため、現在新幹線などに採用されている。

❺ 蓄電池電車

VVVFインバータにリチウムイオン電池を搭載し、パンタグラフからの電気を電池に蓄えて非電化区間を電車と同様に走行する。直流電車ではJR東日本のEV-E301系、交流電車では、JR九州のBEC819系、JR東日本のEV-801系がある。

初の営業用蓄電池電車 EV-E301

❻電車の形式

車両形式の規定は1911（明治44）年に車両称号規定が制定されるが、この時電車は客車の一部として扱われ、2軸車が950〜999、ボギー車が6100〜6499の番号とされた。さらに、頭に電車を表す「デ」を付けるほか、ボギー車両は客車で制定されている重量標記も合わせて表記することとした。また、荷物合造車は「ニ」の標記も用いられたが、等級を表す「イ、ロ、ハ」は、当時の電車は3等車のみのため省略された。

大正時代になると電車の数も増え、運転台付の附随車を「トデ」とする標記が定められたほか、これまでの重量標記が廃止されるなど、客車から切り離した電車固有の形式記号が必要となってきた。そこで、1928（昭和3）年の車両称号規定改正で、電車独自の車両標記が定められ、電動車を表す「デ」は「モ」に変更され、運転台付附随車を「ク」、運転台

がない車両は「サ」とするなど、現在の車両標記に近い形が出来上がった。

車両称号は、その後も改定されるが、現在の姿となるのは1959（昭和34）年のこと。のちの101系となる90系や151系となる20系などの新性能電車が次々と登場し、従来の旧型車両と新性能車両の形式標記が分けられた。

旧型電車は形式を2桁とし、これまで電動車はすべて「モ」と標記していたが、運転台付車両は「クモ」とされた。元々電車は、運転台付の電動車が基本だったが、新性能電車では中間や先頭に電動車が存在するため、わかりやすい表示となった。

等級や用途表示は表1の通りで、中間附随車は「サハ」や「サロ」、荷物郵便合造車は「クモハユニ」などと標記される。

また、旧型車は従来から、電動車は末尾が0〜4、附随車は5〜9が使用され、基本的に2桁の形式は1車種に限定され

左上・床下にリチウムイオン電池が並ぶEV-801
左下・「DENCHA」の愛称があるJR九州のBEC819系

表1　電車の種類設備記号

種類記号	車種	
クモ	制御電動車	運転台付電動車
モ	電動車	中間電動車
ク	制御車	運転台付車
サ	附随車	中間車

設備記号	1959年設定時	1960年6月以降	1969年5月以降
ロ	二等車	一等車	グリーン車
ハ	二等車	二等車	普通車
シ	食堂車	食堂車	食堂車
ロネ			A寝台車
ハネ		二等寝台車	B寝台車
ユ	郵便車	郵便車	郵便車
ニ	荷物車	荷物車	荷物車
ヤ	職用車	職用車	職用車
エ	救援車	救援車	救援車
ル	配給車	配給車	配給車

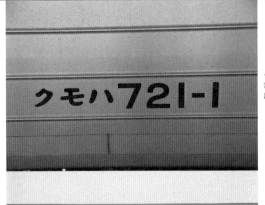

クモハ721-1 運転台付の
電動車で、721は形式、1
は製造順の番号を表す。

JR東日本の最近の電車は
Eのアルファベットが付く

JR九州の蓄電池電車は、
クモハの後にBECが付く

JRの形式称号

十の位	JR北海道	JR東日本	JR東海	JR西日本	JR九州
0		一般形		一般形	一般形
1		一般形	一般形	一般形	一般形
2	一般形	一般形		一般形	一般形
3	一般形	一般形			
4	事業用	事業用	事業用	事業用	事業用
5		特急形			
6		特急形			
7			特急形	特急形	
8	特急形	特急形	特急形	特急形	特急形
9	試験車など	試験車など	試験車など	試験車など	試験車など

ていた。例えば戦前の 20 m 3 扉車 40 系は、運転台のある附随車はクハ 55 形、運転台のない附随車はサハ 57 形、中間の 2・3 等車はサロハ 56 形で、サハ 55 形やクハ 56 形などは存在しない。そのため 55053 の番後は、クハ 55 の 53 番目に造られた車両となる。番号だけで車両が特定できる良い方法だが、新性能電車では車種が多くなるため、クモハ 100、モハ 100、クハ 100 など同じ番号が使われるようになった。

新性能電車は、これまで 2 桁で表した形式を 3 桁に変更し、百の位を電気方式、十の位を用途と構造、一の位は奇数で系列を表し、同系列でユニットとなるモハは奇数番号から -1 の偶数番号が使用された。

さらにより車両の用途をわかりやすくするため、十の位を通勤形、近郊形、急行形、特急形に分類することとした。（表 2）ちょうど 1964（昭和 39）年 10 月の東海道新幹線開業で、151 系が抑速ブレーキ付の 181 系に改造され、交直両用の 481 系も登場したので、8 の番号は特急用に区分された。従来の 5〜7 は急行や準急用として使用され、0 は通勤用、1〜3 が近郊用とされた。

これにより形式を見るだけで、電流と車両の形状がわかるようになり、国鉄の分割民営化までこの基準が用いられた。

JR 移行後は、国鉄時代の車両が多く残っていたこともあり、新型車両も基本的に国鉄時代の形式称号のルールに沿っていたが、すでに番号が埋まっていたこともあり、空き番を使用したほか、本来急行型が使用する十の位の 5〜7 を特急型に変更して付番された。

表2　形式数字

百の位	1959 年設定時
1	直流
2	直流
3	直流
4	交直両用
5	交直両用
6	交直両用（該当車なし）
7	交流
8	交流（該当車なし）
9	試作車（該当車なし）

十の位	1959 年設定時	1964 年以降
0	近距離用	通勤形
1	近距離用	近郊形
2	近距離用	近郊形
3	近距離用	
4	事業用	事業用
5	長距離用	急行形
6	長距離用	急行形
7	長距離用	急行形
8	長距離用	特急形
9	試験車	試験車

ただ、JR 四国は私鉄のような 4 桁の数字のみで形式を表す方式に変更し、クモハやモハといったカタカナの種類、設備記号も廃止された。番号での区分は 1000 番代を一般形気動車、2000 番代を特急形気動車、5000〜7000 番代を一般形電車、8000 番代を特急形電車としている。

このほか、JR 東日本ではカタカナの前に JR-EAST を表す E が 1993（平成 5）年の E351 系から採用されたほか、蓄電式電車には E の前に EV の頭文字が付けられ、クモハやクハの記号が廃止された。

JR 九州も、蓄電池電車は形式の前に BEC のアルファベットが付くが、クモハ、クハの称号も併用している。

これからも増加する車両形式に対し、JR 各社は独自の形式称号が誕生していくだろう。

気動車 [ディーゼルカー]

❶ 気動車の歴史

鉄道というシステムは、機関車で客車や貨車などを牽引して、運行する形で発展してきた。しかし、この方法では、距離の短い区間運転では折り返し駅での機回しなどに手間がかかってしまう。そこで、乗客の乗る車両に動力を備え、小運転向けの車両として気動車の開発が進められ、19世紀のイギリスで客室に蒸気機関車のボイラーを設置した「蒸気動車」が誕生した。

日本でも1913（大正2）年に、当時の汽車製造株式会社が、「6005形蒸気動車（ホジ6014号）」を製造している。1両編成での旅客運用が可能で、車体部分の三分の一に、ボイラーや煙突などが収まっていた。1962（昭和37）年に、国の鉄道記念物、重要文化財に指定され、日本で唯一現存する蒸気動車として、リニア・鉄道館に静態保存されている。

世界で初めて内燃機関の鉄道車両を開発したのはドイツで、1887（明治20）年に30馬力のダイムラーのガソリン機関を積んだ2軸車が登場した。その後も19世紀から20世紀にかけて、アメリカ、イギリス、ドイツで、ディーゼル機関を積んだ試作車が登場しているが、第一次世界大戦の影響によって一時中断されてしまった。

戦争が終結すると、世界で有数の機関メーカーがこぞって内燃車両の開発を行い、1932（昭和7）年にドイツが「フリーゲンダーハンブルガー」という2両編成の電気式気動車を製造した。評判は上々で、ベルリンからハンブルグ間の287kmを最高速度160km/hで走る高性能を誇った。

ドイツに引き続き、アメリカなどでも気動車の開発研究が進められ、1933（昭和8）年に、ユニオン・パシフィック鉄道にて3両編成の「シティ・オブ・サリナ号」が運行を開始した。その後、第二次世界大戦に入ると、再び気動車の研究が途絶えたが、第二次世界大戦後は、ヨーロッパ各地でも気動車の研究が始められた。

日本で気動車が登場したのは昭和の初めごろで、当時発達していた自動車用ガソリン機関を、鉄道に応用する研究が進められ、当時の鉄道省を中心にガソリン動車が導入されて、支線区や地方交通私鉄にも普及していった。

一方、ディーゼル機関を使用したディーゼル車の研究も進められ、1935（昭和10）年にキハ41500形が2両製造された。中央線などで使用されたが、1936（昭和11）年には、ひとまわり大型のキハ43000形（240馬力）が、3両編成（中間付随車付）で運行されるようになった。日本でも本格的に気動車の開発が期待されたが、太平洋戦争での燃料不足を理由に、内燃式車両は運転が中止された。

終戦後は、昭和20年代後半に、編成

上・10 系気動車のキハ 17 形／下・準急用に製造されたキハ 26 形

単位での運行が容易で総括制御が可能な電気式ディーゼル車キハ44000形が登場する。また、同時進行で進められていた液体式のディーゼル車キハ44500形も製造されており、総括制御が可能で、電気式に比べて価格や保守などの経済的な利点が大きかった。

その結果、液体式ディーゼル車での研究開発が進められることになり、1954（昭和29）年には、閑散線区に小型で軽量なレールバスが導入された。この頃までは、1つの車両に1台のディーゼル機関を搭載したものだったが、急勾配などでも使用可能で、高出力のディーゼル車が求められ、ディーゼル機関を2台搭載したキハ51形が誕生した。

1956（昭和31）年には、非電化区間でも優等列車が設定され、日光準急用としてキハ55系が登場した。1960（昭和35）年には、気動車初の特急用キハ80系が誕生し、上野〜青森間の「はつかり」として運行を開始した。ただ、初期故障が多く、新聞紙上では「はつかり、がっかり」と揶揄された。

とは言え、気動車は非電化区間のエースとして期待され、1961（昭和36）年

初の気動車特急キハ80系キハ81形

に急行用のキハ58系列が誕生し、日本全国の急行、準急に使用された。通勤エリアに関しては、ロングシート、片側3つの両扉を搭載した通勤用キハ35系も導入されている。

　日本での気動車の活躍は、電車や電気機関車が走行できない非電化区間のほか、電化区間から非電化区間へ直通する列車にも多用されたが、鉄道の電化が進むと気動車の活躍の場も次第に限定されるようになった。

　JR移行後は、非電化区間の特急に新しい車両が続々と登場する。振り子式の気動車も開発され、JR四国に2000系、JR北海道にキハ281系が投入された。振り子にはいくつかの方式があるが、気動車では、制御付き自然振り子式と空気バネ式を使用している。

　2000年代になると、電気式気動車に蓄電池を搭載したハイブリッド気動車が開発され、JR東日本、北海道、東海、西日本、九州で車両が誕生している。また、電気式気動車も新車両が登場しており、今後、液体式気動車は少数派となりそうだ。

気動車特急の量産型キハ80系キハ82形と急行用キハ56

上・急行用のキハ58系キハ28形／下・通勤用のキハ35系キハ30形

上・JR北海道キハ281系／下・2エンジンのキハ65形

大出力エンジンを搭載したキハ181系

キハ40形

北海道用のキハ183系

JR 東海のキハ 85 系

JR 四国の 2000 系

ハイブリッド式の HB-E301 系「リゾートビューふるさと」

❷ 気動車の種類

　気動車には、動力伝達方式に機械式、電気式、液体式があるが、機械式はすでに姿を消している。

1 電気式

　ディーゼルエンジンに発電機を直結し、電気で車軸の電動機を回転させる。日本では 1933（昭和 8）年に鉄道省が試作した、キハニ 36450 形が初の電気式となる。戦後は、キハ 44000（後のキハ 09）形など電気式気動車が製造されたが、液体式のキハ 10 系列の登場で、以後電気式は製造されなかった。

　しかし、2000 年代になるとエンジンの軽量化や交流モータの実用化で、ハイブリッド式で電気気動車が登場した。さらに 2018（平成 30）年には、蓄電池を省略した電気式気動車 GV-E400 系が製造され、電気式回帰が行われている。

2 液体式

　ディーゼルエンジンからの回転力を、トルクコンバーターを通して伝達する方式で、低速では油を介して動力を伝達し、高速では直結して効率のよい運転が出来る。

3 ハイブリッド式

　電気式に蓄電池を組み合わせた方式で、エンジンの軽量化や交流モータの実用化で現在は、ハイブリッドを含めて電気式が主流となっている。

機械式だった南部縦貫鉄道

左上・液体式キハ E120 ／左下・ハイブリッド式のキハ E200 形

キハ112形

1	台車
2	ディーゼルエンジン
3	ラジエター
4	電圧調整装置 AVR
5	冷房装置

❸ 構造

① 液体式

　ディーゼル機関車の項で説明したように、液体式はディーゼルエンジンの回転軸と推進軸をトランスミッション内のトルクコンバーターで結び、車軸の減速機に回転力を伝える。（ディーゼル機関車の項参照）

ディーゼルエンジンの回転軸は、両方向に出ており、動力の反対側はコンプレッサーと繋がり、ブレーキなどに使用する圧縮空気を作り出す。さらに冷却用のラジエターにもエンジンの回転力が伝達される。

　ディーゼルエンジンは、1台車に1エンジンの動力が伝えられるので、2台車を駆動させるには2エンジンが必要となる。

　なお、逆転機は減速機またはトランス

ミッション内に収められている。

② ハイブリッド式

　ハイブリッド式には、シリーズ（直列）方式と、パラレル（並列）方式があり、鉄道車両ではJR北海道がパラレル方式で試験を行った以外、シリーズ方式が採用されている。シリーズ方式は、電気式気動車に大量の蓄電池を搭載した構造で、エンジンで駆動した発電機からの電気をインバーター・コンバーターに送り、モータを回転させると共に蓄電池に蓄えられる。蓄電池の電気は加速時に使用され、ブレーキ時にはモータを発電機として利用し、回生ブレーキで発生した

電気を蓄電池に蓄える。

　JR東日本がキヤE991形で試験後、2007（平成19）年に小海線に投入したキハE200形で実用化された。

❹ 車体

　車体は電車とほぼ同じで、昔は鋼製だったが昭和60年代からはステンレス車体が主力になっている。ローカル線で使用される普通列車用は1両で運転されることが多いため、両運転台車両が主体だが2両単位での使用を考慮して片運転台車両も製造されている。特急は2両以上で編成を組むことから片運転台で、運

転台のない中間車も在籍する。

　客室は、使用用途により座席の配置やトイレの有無など、色々なタイプが存在する。

　近年は、貨車によるレール輸送を気動車に置き換えており、事業用車も増えている。

❺ 気動車の形式

　国鉄形気動車の形式称号は、1957（昭和32）年の車両称号改正により用途別に整理されたが、1968（昭和43）年に500PS級の大出力エンジンが開発され、新たに3桁の数字による分類が制定され

ステンレス車体のキハ183

た。1位と2位の数字で仕様を表し、3位の数字は製造順に付ける電車に似た方式が採用された。（表1）（表2）

　JR移行後は、旅客会社ごとに新しい基準の形式称号が定められ、新製車両から採用されたが、国鉄時代の車両が多く残っていることから、一部は国鉄時代の形式称号が踏襲された。

　ただし、JR四国では、これまでと全く異なった4桁の数字による形式が制定され、キハやキロの表記もなくなった。JR四国の4桁の数字は、1000の位の1が一般形、2が特急形で、3も気動車の番号として割り当てられているが、現在この番代を使用する車両はない。

　また、ハイブリッド車両の開発により、これまでの「キ」から「HB」や「HC」といった車種記号も登場した。JR北海道では、ディーゼル・エレクトリック方式の一般形車両を製造しH100形とした。「H」は北海道新幹線のH5系と同じく北海道の「H」で、キハの称号は省略された。

　JR東日本のディーゼル・エレクトリック方式は「GV」、ハイブリッド方式は「HB」とし、形式の前にイーストを表す「E」も付けられた。このほか、JR東海のハイブリッド方式は「HC」、JR九州のディーゼル・エレクトリック方式は「YC」となり、現在は「キハ」に変わって様々な車号が使われている。（表3）

表1　気動車の形式称号

車種を表す記号		用途を表す記号）		2桁の最初の数字		2桁の最後の数字	
キ	気動車	ロ	2等車（現在のグリーン車）	0	機械式・電気式	0〜4	両運転台車
キサ	エンジン内車両	ハ	3等車（現在の普通車）	1〜4	液体式1エンジン	5〜9	片運転台、運転台なし
		シ	食堂車	5	液体式2エンジン		
		ユ	郵便車	6・7	大馬力機関		
		ニ	荷物車	8	特急形		
		ヤ	事業用車	9	試作車		

表2　3桁の番号分類

1番目の数字		2番目の数字		3番目の数字
1・2	ディーゼルエンジン	0〜2	通勤・一般形	製造順
3	ガスタービンエンジン	5〜7	急行形	
		8	特急形	
		9	試作車	

表3　JR以降の車両

車種標記	使用JR	
H	北海道	ディーゼル・エレクトリック方式
HB	東日本	ハイブリット方式
GV	東日本	ディーゼル・エレクトリック方式
HC	東海	ハイブリット方式
YC	九州	ディーゼル・エレクトリック方式

上・JR四国の1000系気動車。1000の番号が使用された
中・JR九州のキハ200系。3桁の形式が使用された
下・JR東日本のハイブリッド気動車 HB-E211系

「SL 銀河」の車両は客車ではなくキハ143形気動車

客車

❶ 客車の歴史

　世界で最初の旅客鉄道が誕生したのは1825年9月27日で、イギリスのストックトン～ダーリントン間の63kmを客車列車が走行した。当時使用された客車は、全長3.6mほどの小型車両で、乗合馬車に車輪を付けたものであった。当時の技術では乗り心地を考慮したものではな

く、バネも入っていなかった。あくまで簡易的なもので、「旅客用」として運用できる最低限のものであったようだ。

　1830年になると、同じくイギリスのリヴァプール～マンチェスタ間を運行する鉄道において、4～6人位が座れる座席を設置した客車が登場した。外の景色が楽しめるように、窓にガラスが入っている客車で、いわゆるこれが本当の「客

スハフ32

車」の登場である。

　この客車営業の始まりから、旅客鉄道は広がりを見せる。アメリカでも1830年に、ドイツでは1835年に、それぞれ最初の旅客鉄道が、発足したと言われている。その後、機関車が発達して出力が大きくなると、乗車人員も多くなり、客車も大型のものが求められるようになった。

　アメリカの客車は貨車から進化したと言われており、1836年にボルチモア・オハイオ鉄道で、初のボギー式の客車が製造された。乗り心地の向上や車軸などが改良された高品質の客車となった。

　また、イギリスの客車は冒頭で紹介し

たように、乗合馬車から発達したと言われている。車内をいくつかの個室状に壁で仕切り、車内中央に通路が設置されており、アメリカ式の客車の車内とは異なる構造をしていた。

　この頃の客車の車体は、もっぱら木材を使用していたが、需要が膨らみ車体が大きくなると、強度の関係から鉄材も使用されることが多くなった。初期の客車は、居住性をあまり考えておらず、腰掛けも板張りのみで長時間座るにしては不向きであった。

　1850年ごろになると座席を改良して座布団が設置された。各鉄道会社は競って、客車の設備を充実させ、サービス向

オハフ33

スハ42

上に努めた。また寒冷地で使用される客車においては、暖房装置（石炭及び薪ストーブ）が設置され、1890年ごろには、機関車からの蒸気熱を流用した「蒸気暖房」が登場した。さらに1903年には、大気圧式の蒸気暖房も登場している。

　車内の照明も、それまではロウソクやランプを使用していたが、1880年代には電灯が使われるようになった。寝台車はアメリカで1836年に登場したのが始まりとなった。

　イギリスでは1837年に初めて寝台車が登場したが、1865年にプルマン氏が製作した寝台車は設備がよく利用者に好評だったと言われている。

　ちなみに食堂車も、プルマンにより1867年に製作されている。鉄道全盛期になると、座席車ばかりでなく、寝台車、

食堂車、展望車なども登場し、加えて乗り心地なども改善されてきた。1924年には、アメリカで初めて冷房装置のテストが行われ、1930年代に実用化されるなど、アメリカが製造する客車は設備が整っていた

　一方、ヨーロッパでは客車の軽量化が進み、普通鋼製だが軽量客車が設計された。その後もアメリカのバッド社では、ステンレス製の客車が製造され、スペインでは超軽量客車の「タルゴ」など、今日につながる人気の名車両が誕生している。

　日本で初めて客車が登場したのは、1872（明治5）年の新橋〜横浜間が開業した際で、全長8mほどの2軸車体であった。1874（明治7）年頃には、官鉄の新橋や神戸工場で客車の製造が開始され

スハフ 43

た。車軸などは輸入されたものではあるが、初の国産の客車である。

　最初のボギー客車は、1880（明治 13）年に開業した北海道の幌内鉄道が輸入したアメリカ製車両で、最上等車は「開拓使」と命名された。

　1906（明治 39）年になると、鉄道国有法が施行され、中型ボギー客車が国内で盛んに製造されるようになった。1921（大正 10）年ごろには、これまでの真空ブレーキから空気ブレーキに変更が行われた。また連結器もネジ式から、現在でも使用している「自動連結器」へと、一斉に取り替えられた。

　乗客の安全確保の観点から、1927（昭和 2）年には鋼製客車が登場している。車体の長さも 20m 級のものが製造され、1939（昭和 14）年から登場したオハ 35

系など、窓を大きくして、居住性を高めた車両も多く登場している。

　ちなみに我が国初の冷房装置付き客車は、1936（昭和 11）年の食堂車マシ 38 形で、電源は車軸発電機を使用していたため、停車中は冷房が入らなかった。

　太平洋戦争が始まると、優等車両の製造は禁止され、のちに客車の製造自体を中止することになってしまう。既存の車両は乗車定員を増やすために、座席を減らす改造が行われ、戦災によって使用不能となった客車をやりくりし、戦後直後もそのような状態が続いた。

　戦後は、防振設計のウィングバネ式の鋳鋼台車が開発され、1948（昭和 23）年のスハ 42 形から採用された。その後、スハ 43、44 形などが次々と誕生した。

　1953（昭和 28）年になると、車両の

20系

14系

軽量化に関する研究が始まり、1955（昭和30）年10月には、10系軽量客車（ナハ10形）が8両製造され、従来の車両の重さよりも3割の軽量化を実現、その後の客車構造の概念を大きく変える存在となった。車内の照明も蛍光灯を使用し、ディーゼル発電機を搭載して空調なども改良し、居住性が上がった。

　1958（昭和33）年に登場した20系は、これまで1両単位で使用する客車の概念を覆し、照明、エアコン、冷水機、温水器などのサービス電源を電源車で賄う固定編成となった。車内で一晩を過ごせる究極の居住性を備えた20系は、まさに「走るホテル」と呼ばれるものであった。

　固定編成の20系は、途中駅で分割するには分割編成用の電源車が必要となるため、これまでの客車のように自由度がなかった。そこで、客車にタービン発電機を搭載し、最大6両までの電源を確保できる12系客車が1969（昭和44）年に製造された。6+6の12両編成で運転すれば、途中駅で2方向に分割できた。

　12系による分散電源方式は、14系寝台車や座席車にも採用されたが、北陸トンネルでの列車火災を受け、客車に電源を搭載するのは好ましくないとされ、集中電源方式の24系に変更された。ただし、のちに防火対策が行われ、14系15形が製造されている。

　一般形客車は、戦前の車両も多く使用されていたため、置き換え用に50系客車が1977（昭和52）年に製造された。ただこの頃になると、電車化や気動車化が推進されており、JR化以降は余剰となり早期に廃車が進められた。

　寝台車も相次ぐ列車の廃止で、現在は

イベント列車やクルーズトレインで残るのみとなってしまった。なお、JR化以降で新製された営業用客車は、「カシオペア」用のE26系、クルーズトレイン「ななつ星in九州」の77系、「SLやまぐち号」用の35系となる。

24系

50系

上・一般形客車の車内／中・集中電源方式 24 系の電源車／下・分散電源方式の 12 系

オハネフ 25 形

客車の外観

1　ジャンパ連結器
2　連結器
3　テールマーク表示器
4　冷房装置 AU77 形
5　水タンク
6　水揚弁箱
7　ブレーキ制御装置
8　台車 TR217C
9　空気ダメ

❷ 客車の種類

　長い間鉄路の主役だった客車は、座席車から寝台車、食堂車、荷物車、郵便車、事業用車などのほか、皇室用車両も在籍した。現在、イベント列車など JR 線で残る車両の種類は、普通車とグリーン車で、クルーズトレインでは寝台車、食堂車、電源車、ロビーカーなどがある。

❸ 電源方式による種類

1 一般形客車

　一般形客車とは、1 両単位で使用が可能な車両で、昭和 30 年頃までこのタイプの車両が製造された。電源は、車軸による発電方式で、蓄電池を搭載している。

2 集中電源方式

　20 系客車から採用された方式で、電源車からサービス電源を客車に供給する。電源車にはディーゼル発電機を搭載している。

3 分散電源方式

　編成中にディーゼル発電機を搭載した客車を連結し、そこから各車両にサービス電源を供給する。12, 14 系客車などが該当する。

❹ 主要機器

① 暖房

　集中電源方式と分散電源方式の車両は、ディーゼル発電機から電気暖房用の電源が送られるが、それ以外の一般形客車は牽引機関車から暖房の供給を受けていた。蒸気を放熱管に送る方式と、電気機関車から単相1500Vと給電し各車で200Vに降圧して、座席下の電気暖房に送る方法だ。

　蒸気を送るとなると蒸気機関車限定のように思われるが、電気機関車やディーゼル機関車に蒸気発生装置を搭載し、蒸気を客車に送っていたこともある。また、この装置がない機関車が牽引する場合は暖房車を連結した。

　電気暖房は、主に交流電化区間で使用され、客車は元の番号に2000をプラスした番号とした。つまりスハ43 1に電気暖房を取り付けるとスハ43 2001となる。

② 車軸発電機

　電源のない一般形客車は、車軸からベルト駆動により発電した電気で室内灯などを灯す。車軸発電機には、電圧調整装置と蓄電池も設置され、停車時は蓄電池からの電気を使用する。

❺ 車両記号

　客車は蒸気機関車と共に創成期から使用された車両で、輸入当時は番号で呼ば

車軸発電機

食堂車スシ 24

れていた。やがて車種が多くなると、カタカナの記号が使用されるようになり現在に引き継がれている。

●明治時代から続く「イ・ロ・ハ」標記

1872（明治）5 年、新橋～横浜間に日本初の鉄道が開業したと同時に日本の客車の歴史も始まった。客車は、上等車、中等車、下等車、緩急車の 4 種類で何れもイギリスから輸入された。当時は番号のみの表示で、車両の用途を表す記号は明治中期の頃から使用され、上等車を「い」中等車を「ろ」下等車を「は」とした。現在のグリーン車の「ロ」や普通車の「ハ」は、この頃の記号が脈々と引き継がれているわけだ。

開業時の客車は 2 軸車だったが、1889（明治 22）年からボギー車が登場した。

車両や車種が増えるにつれ用途や形態を表す統一した記号が必要となり、1900（明治 33）年に「客貨車検査及修理心得」が制定された。ボギー車は 2 軸車の記号にボを付けることとしているが、食堂車は 2 軸車がないため「シ」だけの標記となった。（表 1）

●現在の基本となった車両形式の制定

車両称号規定は、その後何度も改定され、現在のように重量を表す記号と用途を表す記号に 2 桁の形式と製造順の番号を付番する方式は 1941（昭和 16）年から採用された。その後車体長など細かな区分を定めた規定が 1953（昭和 28）年に制定され、これが現在の基本となっている。（表 2～4）

1960（昭和 35）年には 3 等級製が 2

等級製に変更され、1等車の「イ」は廃止、「ロ」を1等車、「ハ」を2等車とした。さらに、1969（昭和44）年5月の運賃改定で、1等車はグリーン車に、2等車は普通車、1等寝台がA寝台、2等寝台がB寝台に呼び名が変更されたが、車号標記は変わらなかった。

**表1　1900年制定
「客貨車検査及修理心得」による記号**

用途	2軸車	ボギー車
1等車	イ	
2等車	ロ	ロボ
3等車	ハ	ハボ
1・2等合造車	ニ	ニボ
2・3等合造車	ホ	ホボ
2・3等緩急合造車	ヘ	
3等緩急合造車	ハブ	
2等郵便緩急合造車	ヨユブ	
3等郵便合造車	ハユ	
3等郵便緩急合造車	ハユブ	
郵便緩急合造車	ユブ	ユボ
郵便車	ユセ	
局用車	ヨブ	
手荷物緩急車	ブ	ブボ
2・3等手荷物緩急合造車		ヨブボ
3等手荷物緩急合造車		ハブボ
3等郵便緩急合造車		ハユブ
郵便手荷物緩急合造車		ユブボ
寝台車		ネボ
食堂車		シ

表2　客車の重量を示す記号

記号	重量	記号の由来（一例で諸説あり）
コ	22.5t 未満	小形のコ
ホ	22.5t 以上 27.5t 未満	ボギー車のホ
ナ	27.5t 以上 32.5t 未満	中形または並形のナ
オ	32.5t 以上 37.5t 未満	大形のオ
ス	37.5t 以上 42.5t 未満	スチールまたは少し大きいのス
マ	42.5t 以上 47.5t 未満	まったく大きいのマ
カ	47.5t 以上	格別に大きいのカ

表3　客車の用途を表す記号

記号	用途
イ	旧1等車
ロ	旧2等車・現在のグリーン車
ハ	旧3等車・現在の普通車
ロネ	旧2等寝台・現在のA寝台車
ハネ	旧3等寝台・現在のB寝台車
フ	緩急車
シ	食堂車
テ	展望車
ニ	荷物車
ユ	郵便車
ヌ	暖房車
ヤ	試験車・教習車・保険車
エ	救援車
ル	配休車

表4　1953年の称号規定による番号区分

頭の番号	車種	形式例
1	軽量客車	ナハ10
3〜5	一般形鋼製客車	スハ32・オハ35・スハ43・スロ51
6	鋼体化客車	オハ60
7	戦災復旧客車	オハ70
8	お座敷客車	オハ80
9	特殊客車	オヤ90・コヤ90

20系客車登場後

形式	車種	形式例
1	分散電源方式	12系・14系
2	集中電源方式	20系・24系
3〜5	一般形鋼製客車	オハ50
6	鋼体化客車	オハ60
7	戦災復旧客車	オハ70
8	お座敷客車	スロ81

●復活した「イ」と「テ」の標記

1960年の等級変更により「イ」を名乗っていたマイテはマロテに、マイネはマロネへと変更され、展望車の廃車で「テ」の標記も一度消滅した。しかし、1980年代になると各地でジョイフルトレインが登場し、編成の両端を展望車とした車両も誕生した。ただ国鉄では廃止された等級表示などは使用せずスロフを名乗ったが、私鉄の大井川鐵道では、1982（昭和57年）に電車を改造した開放形展望車を誕生させスイテ82形とした。「イ」と「テ」の標記が久しぶりに登場したが、1等の運賃制度がないため団体専用車両として使用された。

一方国鉄では、JRへの移行時の目玉車両として、交通科学館に保存されていたマイテ49 2を復活させ、再び国鉄、JR線上に「イ」と「テ」の標記が登場した。その後「テ」の標記は、JR北海道がトロッコ列車用に51形客車を改造したオハテフ500・510形や、オクハテ510形に使用された。「イ」の記号も、クルーズトレイン「ななつ星 in 九州」の77系で、「イネ」や「イ」が付けられている。

● JR化後の形式称号

JR移行後は、国鉄時代に誕生した車両は形式が引き継がれたが、JRが製造した客車は独自の区分形式が与えられた。JR

大井川鐵道で使用された展望車スイテ821

事業用車のマヤ50

東日本の「カシオペア」車両は、頭に東日本（East）の頭文字Eを付け、形式は24系25形の次の番号を使用したE26系とした。JR九州ではクルーズトレイン「ななつ星in九州」は、九州7県と7つ星から77系を形式とした。

「SLやまぐち号」用にレトロ仕様で新製されたJR西日本の客車は、戦前のスハ32、オハ35形をモデルとしたこともあり35系が与えられた。かつて現存したオハ35形の形式も誕生したが、4000番代としているため、同番号のダブりはない。

❻ 現在も使用されている客車

1 JR北海道

　札幌運転所に新型の高速軌道試験車マヤ351が、旭川運転所に一般形客車4両、「富良野・美瑛ノロッコ号」用の50系改造車3両が在籍する。一般形客車は、かつて「SLニセコ号」に使用されていた車両で、現在苗穂工場に運ばれており、今後の動きが注目される。

　釧路運輸車両所には、「SL冬の湿原号」用の14系4両とスハシ44が1両、「ノロッコ号」用の50系改造車4両が配置されている。

2 JR東日本

　尾久車両センターにクルーズトレイン

「カシオペア」用の E26 系 13 両（予備の電源車を含む）、24 系 3 両が在籍するが使用されていない。ぐんま車両センターには、「SL ぐんま・みなかみ」用の 12 系 7 両（SL 回送控え車を含む）と一般形 7 両が、新潟車両センターには「SL ばんえつ物語」用の 12 系 7 両が配置されている。z このほか、仙台車両センターには試験車マヤ 50 が 1 両在籍する。

③ JR 西日本

網干総合車両所宮原支所に、14 系「サロンカーなにわ」7 両と、イベント列車用 12 系 6 両。後藤総合車両所に「奥出雲おろち号」用 12 系 2 両、下関総合車両所新山口支所に「SL やまぐち号」用の 35 系 5 両、広島支所に事業用マニ 50 が

1 両配置されている。

なお、宮原支所で保管されていたマイテ 49 2 は京都鉄道博物館に収蔵、オヤ 31 31 は、えちごトキめき鉄道に譲渡された。

④ JR 九州

熊本車両センターに「SL 人吉」用 50 系 3 両と、高速軌道試験車マヤ 34 が、大分車両センターに「ななつ星 in 九州」の 77 系が 7 両配置されている。

⑤ 津軽鉄道

冬季の「ストーブ列車」用の一般形客車 5 両が在籍するが、このうち 3 両は旧国鉄のオハフ 33 とオハ 46。

JR 北海道の「SL 冬の湿原号」に使用される 14 系

6 わたらせ渓谷鐵道
　トロッコ列車用に 4 両が在籍し、このうち 2 両は JR12 系からの譲渡車。

7 秩父鉄道
　「SL パレオエクスプレス」用に 12 系 4 両が在籍。

8 真岡鐵道
　「SL もおか号」の 50 系 3 両が在籍する。

9 小湊鐵道
　観光列車の「房総里山トロッコ」用車両 4 両が在籍。

10 東武鉄道
　「SL 大樹」運転開始で、JR 四国、北海道から 14 系 6 両、12 系 2 両を譲り受けている。

11 東急電鉄
　伊豆急 2100 系が「THE ROYAL EXPRESS」として北海道を走る際の電源車マニ 50 が東急の所属車両となっている。

12 大井川鐵道
　SL 動態保存の発祥地でもある大井川鐵道には、国鉄時代の客車や電車からの改造車など 21 両もの客車が「SL かわね路号」で使用されるほか、全列車が客車列車の井川線には 26 両の小型客車が活躍する。

13 黒部峡谷鉄道
　元々は黒部川の電源開発のための資材運搬鉄道だったが、現在は春から秋にかけて観光トロッコ列車を運行している。

客車数は 135 両で、現在最も多くの客車を保有している鉄道となる。

14 嵯峨野観光鉄道
　旧山陰本線の線路を使用した観光鉄道で、DE10 形が 5 両のオープンタイプの客車を牽引している。

15 若桜鉄道
　観光列車の運転に備え、JR 四国から 12 系 3 両を譲り受けたが、若狭駅構内に留置されている。

16 伊予鉄道
　市内線の観光列車「坊っちゃん列車」用の 3 両が在籍し、蒸気機関車形のディーゼル機関車が牽引する。

17 北九州市
　門司港レトロ観光線で 2 両がディーゼル機関車に挟まれて運転されている。

18 南阿蘇鉄道
　トロッコ列車「ゆうすげ号」用に 3 両の客車が在籍するが、このうち 2 両は無蓋貨車を改造した車両でトラ 700 形の形式を持つ。TORA200 形は新造車両となる。

JR東日本の12系「SL ばんえつ物語」

JR東日本のE26系

JR東日本に残る12系

JR西日本の「SLやまぐち号」に使用される35系はJR以降の新製車

わたらせ渓谷鐵道のトロッコ列車

真岡鐵道の 50 系客車

JR九州のクルーズトレイン「ななつ星 in 九州」

小湊鐵道の観光列車「房総里山トロッコ」

大井川鐵道の元国鉄一般型車両

大井川鐵道井川線のミニ客車

貨車

❶ 貨車の歴史

　貨車の記録をさかのぼると、16 世紀にイギリスの炭山で石炭を積むのに使用された「炭車」と呼ばれているものがあったとされており、それが貨車の先祖にあたるという。

　貨車が鉄道に登場するようになったのは 1814 年で、イギリスのスティーブンソンが考案した蒸気機関車「ブラッチャー号」号が 8 両編成の貨車を牽引した。1825 年にはイギリスのストックトン～ダーリント

ン間で貨物と旅客輸送が開始され、鉄道による本格的な貨物輸送が始められた。

　我が国の貨物輸送は、鉄道が創業した翌年の 1873（明治 6）年が始まりで、新橋駅～横浜駅間で初めて運行された。使用した貨車は客車と同様に全てイギリス製で、車種も屋根のある貨車（後の有蓋車）と、屋根のない無蓋車に限られた。自重 3.5t ～ 4.5t 程度の車両であった。

　1902（明治 35）年ごろになると、国産で貨車を作るようになり、天野工場（現在の日本車輌）と汽車製造で、8t クラ

有蓋車や無蓋車、タンク車などが入り乱れた国鉄時代の貨物列車

現在のコンテナ列車

スの屋根付き有蓋車が製作された。台車
枠のみ鋼製であったが、車体そのものは
もっぱら木材を使用した車両であった。
この形が、大正から昭和初期にかけて基
本形式となり全国に広がった。

　1907（明治40）年の鉄道国有化当時
の貨車の車両数は、3万2000両を超え
ていたが、その大半は私鉄に所属の貨車
だった。そのため、仕様や部品も様々で、
貨車同士の連結ができないこともしばし
ばあった。

　そのため、1910（明治43）年に貨車
の大きさの統一を図ると共に、積載量を
上げるための改造が行われた。その際、
輪軸やバネ関係の部品の基本が制定さ
れ、バラバラだった貨車が整理された。
これにより有蓋車は9t車に増トンされ、
大正時代には10tまで引き上げられた。

　第一次世界大戦の勃発により貨物輸送

が急激に増加し、これまでの貨車では対
応できず、15t積の有蓋貨車（のちのワム
3500）や無蓋車（のちのトム5000）
が大量に量産された。

　1925（大正14）年7月に、これまで
の鎖で繋ぐ連結器から自動連結器への一
斉交換が実施された。機関車と客車は約
1万2000両あったが運用が決まってい
るので、交換場所の計画は立てやすかっ
た。しかし貨車は5万2000両もあり、
全国を走っているので、交換する場所や
両数、必要な自動連結器の数などの把握
が問題だった。そこで自動連結器を貨車
に積み、決められた場所で交換が行われ
た。貨車の実施日は7月17日と20日と
し、24時間列車を停めて一斉交換が行わ
れた。

　昭和に入ると17t積みの無蓋車（のち
のトラ1形）が登場し、1930（昭和5）

車掌車ヨ 3500 形を 2 段リンク改造したヨ 5000 形

年にはボギー台車の有蓋車（のちのワキ
1 形）も誕生した。ボギー台車の貨車は
大正時代にすでに作られていたが、揺れ
枕吊りを備えた 2 段バネ式はワキ 1 形か
らとなった。同年には、宅扱急行貨物列
車用のワキ 1 形も製造され、東海道・山
陽本線で活躍した。

　太平洋戦争に突入し戦況が悪化してく
ると、貨車も戦時設計の 3 軸無蓋車トキ
900 形が 1943（昭和 18）年に製造された。
終戦までの 2 年間に 8000 両余りが作ら
れて、輸送増強に大きく貢献した。

　終戦後は、戦災により 1 万両近い貨車
が焼失したが、破損した貨車を十分に修
理しなかったことが影響し、各地への貨
物輸送の需要が逼迫して鉄道貨物輸送は
パンク寸前だった。そこで、修理修繕作
業を行う一方で、新しい貨車の設計も同
時に進められた。1948（昭和 23）年には、

ボギー式の無蓋車トキ 15000 形が登場、
台車は TR41 が採用され現在でも活躍する
貨車の基本スタイルを確立した。

　ほぼ同時期に、ボギー式有蓋車として
ワキ 10000 形も誕生した。貨車としては
初めて室内に照明装置が設置され、小口
扱の急行貨物列車としてサービスを開始
した。

　戦後の大混乱から解放され高度成長期
に入ると、冷蔵車、家畜車など用途に合
わせた特殊貨車が再び新製され種類も豊
富になっていった。また、貨物列車の最
後尾にはブレーキ装置を備えた緩急車が
連結されているが、乗務員の居住性を
考慮し電灯やストーブなどを設置したヨ
3500 形も誕生した。

　輸送効率の向上として、貨物ターミナ
ルにおいて、フォークリフトでの荷役作
業を考慮した側面が全開するパレット貨

有蓋車のワム 80000 形

貨物駅でのコンテナ積載作業

車ワム89000形も登場した。車体全体をプレス構造とし、軽量化と製造時間の納期短縮を狙った画期的なもので、これ以降に登場する貨車にも広く使われた。

昭和40年代（1965年～）になると、世間では高速道路が発達し、トラック輸送が飛躍的に発展してくる。これに対抗するために、貨物列車の高速化と、個別のニーズに合わせたコンテナ輸送が始まった。空気バネを使用した台車を持つ高速貨車コキ10000形などが開発され、最高速度100km/hで走る高速コンテナ貨物列車も運行が開始された。

しかし、それでも貨物輸送はトラックに押され、大きな赤字を生み出していた。そこで輸送体系の抜本的な見直しが行われ、ヤードでの編成組み換えを廃止し、拠点間直行輸送のみとした。車両もコンテナ列車と石油やセメントなどの専用貨車が主体となり、多くの特殊貨車が姿を消した。

JR貨物の発足以降は、電車方式の貨物列車M250系が誕生し、トラックのドライバー不足も相まって、貨物輸送が順調な伸びを見せるようになっている。

❷ 貨車の種類

冷蔵車、家畜車、陶器車、豚積車など用途に合わせた色々な貨車が作られたが、現在はコンテナ車、無蓋車、長物車、大物車、車掌車、タンク車、ホッパ車などになる。

なお、JR貨物では2010（平成22）年以降の車両両数などを非公表としているため、現状がつかめない状況となっている。

コンテナ車コキ106形

①コンテナ車

拠点間貨物の主役で、コンテナの大きさにより1〜5個を積載できる。

②無蓋車

屋根のない貨車で、木材や砂利など輸送するほか、亜鉛精鉱専用の私有貨車トキ25000形も在籍する。

③長物車

レールなど長尺物を輸送する車両で、JRの旅客会社にも在籍する。

④大物車

大型貨物輸送車両で、大型変圧器などの輸送に使用される。

⑤ホッパ車

ホッパ車は下部が開き積載物を取り出すことが出来る。石灰石やレールの砂利散布などに使用される。

⑥車掌車

貨物列車の最後部に連結され列車掛が乗務していたが、1986（昭和61）年に車掌車の連結が廃止され、本来の目的が終了している。ただ、東武鉄道では復活した蒸気機関車のATSや電源を搭載する車両として使用しているほか、ローカル駅の駅舎にも転用された。

⑦タンク車

ガソリンや石油などの液体や化成品などの気体、セメントなど粉体で、積載する物質により使用される車両が決まっている。現存するのは私有貨車となる。

無蓋車トラ55000形

長物車チキ5500形のレール輸送

大物車シキ610形

ホッパ車石炭専用のホキ 10000 形

車掌車ヨ 8000 形

上・東武鉄道の ATS・電源車として運用されるヨ 8000 形
中・無人駅の駅舎に転用された車掌車。札沼線石狩金沢駅（現在は廃止）
下・タンク車タキ 44000 形

機関車と貨車の連結作業。ブレーキ管も接続される

❸ 私有貨車

　貨車には、JR貨物やJR旅客会社が所有する車両以外に、一般企業が所有し車籍のみをJRや私鉄各社が管理する私有貨車が在籍する。私有貨車は、特定の区間だけに使用される車両で、積荷も決められている。一番多いのはガソリンや石油類で、製油所から蓄積所までの輸送に使われる。片道だけの積荷となり帰路は空の状態で運行される。

　貨車の車体には、企業名が表示されているため、どこの会社の車両かも特定でき、積荷にも表示されている。変圧器などを運ぶ大物車やセメントを運ぶホッパ車なども私有貨車で、今では見られなくなったが、乗用車輸送用に製造したク5000形も、積載する自動車に合わせた仕様となっていた。

❹ 貨車のブレーキ

　貨車のブレーキは、長らく自動空気ブレーキが使用されてきた。仕組みは機関車と貨車がブレーキ管で繋がれ、ブレーキ管には圧縮空気が常時加圧されている。機関車のブレーキハンドルを操作すると、ブレーキ管内の空気が排気され減圧される。ブレーキ管が減圧されると各車両の三動弁が動き、補助空気ダメの空気がブレーキシリンダーに流れてブレーキがかかるわけだ。

　貨車は空車と積車で総重量に大きな差が出る。そこで、荷重によりブレーキシリンダーに入る圧力を変える応荷重装置を取り付けている。仕組みは、空気バネ車両は空気の内圧を、鋼製バネ車はたわみを検知する。

　自動空気ブレーキは構造が簡単だが、

長い貨車は後ろの車両まで減圧が届くのにタイムラグが生じてしまう。そこで、電気指令で電磁弁を制御し、編成内のブレーキ管圧力を同時に作動させる電磁自動空気ブレーキが開発された。

このほか、留置中の車両が使用する手動ブレーキが各車両の車体側面や手すりに付いている。このブレーキの解除を忘れて列車を発車させると車両の引きずりが起こるため、2020（令和2）年に、IoT（モノインターネット）を活用した手ブレーキ検知システムが開発された。各車両にIoT端末を設置し、各車両のブレーキ状態を地上のサーバーに送信し、駅や機関車のモニターで状態が確認できる。

❺ 特殊な貨車

荷物を運ぶ以外に、除雪車や試験車、救援用車両、工事用車、控車などの貨車が存在したが、現在はすべて姿を消している。

除雪車は、機関車に押されて前面の雪払いで線路の除雪を行う車両で、ラッセル車やロータリー車などが過去に使用されたが、除雪用ディーゼル機関車に代わり姿を消した。なお、私鉄では弘南鉄道、津軽鉄道に残っている。

試験用車両は、レール探傷車ヤ230形や、脱線現象の究明を目的としたヤ200形などが在籍した。

救援用車両は、事故復旧用にクレーンを搭載した操重車や事故復旧用の資材を積んだ有蓋車などが存在した。

工事用車は、電化工事などの際に使用する穴掘車、骨材車、電柱運搬車などに使用されたが、現在は車籍を有しない工

上・除雪車キ100形
中・操重車ソ300形
下・高松駅で宇高連絡船に積み込む貨車と連結した控車ヒ600形

事用車両に変わっている。

　控車は、連絡線に貨車を積み込む際、桟橋と船を結ぶ可動橋が使用されるが、可動橋は重い機関車が乗れないため、つなぎとして貨車と機関車間に控車を挟んでいた。青函連絡船、宇高連絡船の廃止で姿を消した。

❻ 貨車の形式称号

　貨車は、鉄道開業時から使用され、当初は番号だけで区分されていたが、1897（明治30）年に、現在のような車種記号が制定された。この時は、まだ貨車の種類も少なく、有蓋車の「ワ」、緩急車「カブ」、無蓋車「ト」、油車「ア」、家畜車「カ

ト」、魚車「ウ」、石車「セ」、材木車「チ」の8車種のみだった。

　記号は、貨車の構造や用途などを語源とし、有蓋車の「ワ」は、Wagon（ワゴン）、緩急車は英語のCaboose（カブース）、油車の「ア」は油を意味している。

　貨車は、その後用途に合わせた車両が続々と誕生し、そのたびに新たな車種記号が登場した。そのため、1911（明治44）年の称号規定では25種類の記号に整理が行われた。さらに、当時は木造や鉄製など、車体の形状が異なる車両が在籍したほか、ボギー台車の貨車は積載重量も異なっていた。

　そこで、積載重量は20t以上を「オ」、10t以上を「ホ」、10t未満を「コ」の記

左・有蓋車ワム60000形／右・冷蔵車レム5000形

左・有蓋緩急車ワフ29500形／右・有蓋車ワキ5000形

号を車種記号の前に併記した。また、鉄製をテツの「テ」、鉄張製のものはテツハリで「テハ」とし、積載重量記号の後に付けられた。

1928（昭和3）年に称号改定が行われ、車種記号に合わせて積載重量も細かく併記する方法に改められた。表1が車種記号で、これに表2に重量記号が組み合わされる。ワム80000形だったら14〜16tの有蓋車となる。

さらに、貨車輸送基準規定で、異なる構造や運用上制約がある車両には、表3の特殊標記符号が、用途記号の前または後に、小さいカタカナで表示される。例えば、ワム80000形のパレット積載用車はハワム80000と標記される。この表記

方法は、現在も使用されているが、長い年月の間に新しい構造の車両の誕生や、廃形式となった車両などがあり、数回に当たって称号の変更や追加が行われた。

なお、貨車の番号はワム1形など1桁から始まる形式は1から順に振られるが、ワム80000形のように、10桁以上から始まる形式はその桁の0から始まる。さらに、番号が不足すると空き番が与えられるため、形式と番号が一致しない車両も多い。例えばタキ112300はタキ1900形となる。

なお、JR移行後の新車は、電車のようにハイフン表示で1から番号が振られるようになった。（例コキ106-698はコキ100形）

車運車ク5000形

左・車運車クム 80000 形ピギーバック輸送車／中・ホッパ車ホキ 6800 形セメントクリンカ専用車
右・タンク車タキ 1900 形セメント専用車

表1 貨車の記号

記号	車種	用途	由来
ワ	有蓋車	屋根付きの一般的な貨車	英語の Wagon のワ
テ	鉄製有蓋車	車体が鉄製の有蓋車	鉄のテ
ス	鉄側有蓋車	外板に鉄を使用し屋根が木造の車両	英語の Steel（鉄）のス
ツ	通風車	野菜などを運ぶため通風用のスリットが付く	ツウフウのツ
ナ	活魚車	魚類を生きたまま輸送する車両	サカナのナ
レ	冷蔵車	保冷装置を持つ食品輸送車	レイゾウのレ
カ	家畜車	牛などの家畜を輸送する	カチクのカ
ウ	豚積車	豚など背の低い動物の輸送用	牛のウが語源で家畜車に使用予定を変更した
パ	家禽車	鶏などをかごに入れて輸送する	家禽の英語 Poultry のパ
ポ	陶器車	陶器などを運べるように車内に棚設置	陶器の英語 Pottery のポ
ト	無蓋車	砂利や木材など運ぶ屋根のない車両	英語の Truck のト
ク	車運車	自動車を運ぶ車両	クルマのク
シ	大物車	大型貨物輸送用	重量物運搬車のジをシとした
チ	長物車	レールや電柱、木材などの長物輸送用車	木材の英語 Timber のチ
リ	土運車	土や砂利の輸送用	ジャリのリ
コ	コンテナ車	コンテナ輸送用車	コンテナのコ
タ	タンク車	石油製品や化学薬品を運ぶタンク車両	タンクのタ
ミ	水運車	水を運ぶ車両	ミズのミ
ホ	ホッパ車	石灰石など粉状のものを運ぶ	英語の Hopper car から
セ	石炭車	石炭輸送用	石炭のセ
ヨ	車掌車	車掌が乗務する車両	シャショウのヨ
エ	救援車	事故などの際の救援用資材を積む	キュウエンのエ
キ	雪かき車	除雪車両	ユキのキ
ケ	検重車	鉄道車両の重量測定車	ケンジュウのケ
サ	工作車	工作機械や工事材料を搭載する	コウサクのサ
ソ	操重車	クレーンを搭載した車両	ソウジュウのソ
ヒ	控車	連結作業などで使用される	ヒカエのヒ
ピ	歯車車	アプト用の歯車付き緩急車	英語の Pinion のピ
ヤ	職用車・試験車	業務用車両	役人のヤ
フ	緩急装置付き	各車共通で緩急装置（車掌室）を持つ車両	ブレーキのフ

表2 貨車の積載トン数を表す記号

トン数	記号
13t 以下	なし
14 ～ 16t	ム
17 ～ 19t	ラ
20 ～ 24t	サ
25t 以上	キ

表3 特殊標記符号

符号	構造・性能
ハ	標記トン数 15t のパレット用有蓋車
コ	標記トン数が 15t、17t と併記の有蓋車。車体長 12m 以下のタンク車
ス	標記トン数が 15t、18t と併記の無蓋車
オ	標記トン数が 36t の無蓋車。車体長 16m 以上のタンク車。車体長 12m 以上のホッパ車
ロ	地域限定運用で 65km/h 以下の貨車
ア	純アルミ製のタンク車
テ	冷蔵車に氷用天井タンクがある車両
ナ	冷蔵車に氷タンクがない車両
ワ	有蓋車兼用

タンク車タム 4000 形石油類専用車

タンク車タキ 1800 形ベンゾール専用車